IRAN ABREU MENDES
Organizador

A HISTÓRIA COMO UM AGENTE DE COGNIÇÃO NA EDUCAÇÃO MATEMÁTICA

2a. EDIÇÃO
Revisada e
Ampliada

IRAN ABREU MENDES
Organizador

2a. EDIÇÃO
Revisada e
Ampliada

A HISTÓRIA COMO UM AGENTE DE COGNIÇÃO NA EDUCAÇÃO MATEMÁTICA

Editora Livraria da Física
São Paulo | 2023

Copyright © 2023 Iran Abreu Mendes

Editor: José Roberto Marinho
Editoração Eletrônica: Horizon Soluções Editoriais
Capa: Horizon Soluções Editoriais

Texto em conformidade com as novas regras ortográficas do Acordo da Língua Portuguesa.

Dados Internacionais de Catalogação na Publicação (CIP)
(Câmara Brasileira do Livro, SP, Brasil)

Mendes, Iran Abreu

A história como um agente de cognição na educação matemática / Iran Abreu Mendes, John A. Fossa, Juan E. Nápoles Valdés; organizador Iran Abreu Mendes. – 2. ed. rev. ampl. – São Paulo, SP: Livraria da Física, 2023.

Bibliografia.
ISBN: 978-65-5563-369-6

1. Educação matemática 2. Matemática - Estudo e ensino 3. Matemática - História 4. Matemática - Formação de professores I. Fossa, John A. II. Valdés, Juan E. Nápoles. III. Título.

23-171498   CDD–510.7

Índices para catálogo sistemático:

1. Matemática: Estudo e ensino   510.7

Tábata Alves da Silva – Bibliotecária – CRB-8/9253

ISBN: 978-65-5563-369-6

Todos os direitos reservados. Nenhuma parte desta obra poderá ser reproduzida sejam quais forem os meios empregados sem a permissão do organizador. Aos infratores aplicam-se as sanções previstas nos artigos 102, 104, 106 e 107 da Lei n. 9.610, de 19 de fevereiro de 1998.

Impresso no Brasil • *Printed in Brazil*

Editora Livraria da Física
Fone: (11) 3815-8688 / Loja (IFUSP)
Fone: (11) 3936-3413 / Editora
www.livrariadafisica.com.br | www.lfeditorial.com.br

Conselho Editorial

Amílcar Pinto Martins
Universidade Aberta de Portugal

Arthur Belford Powell
Rutgers University, Newark, USA

Carlos Aldemir Farias da Silva
Universidade Federal do Pará

Emmánuel Lizcano Fernández
UNED, Madri

Iran Abreu Mendes
Universidade Federal do Pará

José D'Assunção Barros
Universidade Federal Rural do Rio de Janeiro

Luis Radford
Universidade Laurentienne, Canadá

Manoel de Campos Almeida
Pontifícia Universidade Católica do Paraná

Maria Aparecida Viggiani Bicudo
Universidade Estadual Paulista - UNESP/Rio Claro

Maria da Conceição Xavier de Almeida
Universidade Federal do Rio Grande do Norte

Maria do Socorro de Sousa
Universidade Federal do Ceará

Maria Luisa Oliveras
Universidade de Granada, Espanha

Maria Marly de Oliveira
Universidade Federal Rural de Pernambuco

Raquel Gonçalves-Maia
Universidade de Lisboa

Teresa Vergani
Universidade Aberta de Portugal

A história nos oferece as peças do quebra-cabeças do conhecimento humano. As fontes históricas deixam essas peças à nossa disposição para que possamos pensar, nos interrogar, refletir e (re)compor as histórias que poderão nos ajudar a construir nossos objetos de conhecimento e a escrever novas histórias.

Apresentação

APÓS quase duas décadas da publicação da primeira edição do livro *A história como um agente de cognição na Educação Matemática*, decidimos atender às solicitações de diversos novos professores, estudantes de mestrado e doutorado, bem como de professores formadores de professores de Matemática. Em especial àqueles que têm avançado em seus investimentos cognitivos na utilização de matrizes teórico-práticas relacionadas aos usos didáticos da história da Matemática no ensino de Matemática, durante suas práticas formativas de professores.

A partir de nossos estudos, pesquisas e experiências durante esse tempo, reiteramos que, cada vez mais, se torna fundamental para cada um e todos os professores de Matemática buscarem aprofundamento teórico no sentido de compreender qual é lugar da Matemática nos contextos cotidiano, escolar e científico. Esse assunto tem sido alvo de discussões continuadamente trazidas à cena nos meios acadêmicos e, até certo ponto, em outros recantos que volta e meia costumam resgatar aspectos referentes ao uso desse saber como ferramenta para o desenvolvimento de quaisquer atividades profissionais.

Entretanto, enfatizamos que há mais de três décadas vem crescendo o número de estudos e pesquisas preocupados com determinadas caracterizações atribuídas à Matemática, com jargões do tipo: "uma ciência à parte, sem história e sem inter-relações com outros aspectos da cultura humana". Tais rotulações não somente dificultam a apreciação do desenvolvimento da própria Matemática e o importante papel que desempenha na estruturação de outros campos de saber, como também inibe a possibilidade de que o caráter aberto da Matemática seja apreciado em sua amplitude multidimensional, simultaneamente transversal e globalizante.

Ademais, quando esse conhecimento é compreendido como algo que cresce e se desenvolve historicamente nas mais variadas direções, tempos e espaços, fica claro que a Matemática trata de objetos culturais produzidos e utilizados em cada fase do desenvolvimento das sociedades espalhadas no planeta, ao longo de muitos séculos, acumulando um acervo sociocientífico sem limites. A transformação desses objetos culturais, no entanto, ocorre na medida em que outros objetos culturais, não necessariamente matemáticos, se transformam e são incorporados ao *modus vivendi* de cada sociedade, em cada momento histórico de sua organização.

Sabemos que a Matemática é um saber gerado pela sociedade humana e, por consequência, possui uma história. Todavia, esse conhecimento, certamente, se amplia em conteúdo, em escrita e em simbologia ao longo do tempo, como uma escrita ideográfica[1], de forma não linear, porém, traçada por controvérsias, debates, divergências, renovações e atualizações incessantes. De um modo geral, a produção de conhecimento matemático no decorrer do seu desenvolvimento histórico-construtivo se caracteriza por uma constante criação e (re)organização formal, mediante a combinação de códigos representativos da interpretação de ideias relativas às situações cotidianas imaginadas, observadas e vivenciadas pela sociedade (modelos e linguagens), passando a ser considerado como um conhecimento objetivado.

É, portanto, a partir de resultados originados dessa dinâmica construtiva que passamos a incorporar esse conhecimento ao arcabouço cultural que organizamos e difundimos através da sua institucionalização na sociedade ao longo dos tempos, na forma de instituição escolar. Contudo, os processos de (re)construção histórica dessa Matemática para a sua inserção nos mais variados modelos de ensino passa a ter significativas implicações pedagógicas na interpretação dos conhecimentos cotidiano, escolar e científico dos nossos estudantes, desde que utilizemos as mais variadas informações históricas relacionadas à produção da Matemática, na intenção de atualizar os exercícios cognitivos de geração do conhecimento matemático pelos estudantes.

É necessário, porém, que passemos a discutir cada vez mais os processos gerativos operacionalizados na construção do conhecimento matemático (saber/fazer), pois conhecer é um processo extremamente

---

[1] Maiores detalhes a esse respeito, ver as referências mencionadas no final deste livro.

dinâmico e jamais finalizado (processo histórico), sujeito ao contexto natural, cultural e social. Esse processo cognitivo se manifesta na interação do indivíduo com o seu contexto natural e sociocultural, considerando que não há interrupção nem priorização entre o saber e o fazer.

Ao longo deste livro se evidenciará que o principal eixo norteador das discussões apresentadas pelos autores está assentado na inter-relação que envolve história da Matemática, cognição matemática e aprendizagem matemática, conforme já foi mencionado anteriormente. Essa história se insere, nesse entremeio, como um agenciador da Matemática historicamente construída para acionar a aprendizagem matemática escolar, fundada em um princípio unificador que possa ser incorporado à prática dos professores. Portanto, este livro tem como uma de suas finalidades, ampliar o foco de discussão e proposição de abordagens pedagógicas da Matemática apoiadas na história, considerando algumas já estabelecidas por outros estudiosos sobre o tema.

Nesse sentido, fazemos uma discussão centrada nos aspectos histórico-epistemológicos evidenciados no desenvolvimento da Matemática, apontando as possibilidades cognitivas advindas dos textos históricos e suas implicações no ensino da disciplina. A partir dessas perspectivas, discutimos algumas formas de ação pedagógica para o uso dessa história como um reorganizador cognitivo capaz de justificar as origens e os porquês matemáticos dos conteúdos ensinados na escola, considerando que contribuirão para as atividades docentes junto aos estudantes, sob um enfoque mais investigativo e problematizador da Matemática escolar.

A partir de um exercício de investigação e (re)criação da história da Matemática admitimos ser possível que os envolvidos possam refletir acerca das estratégias cognitivas criadas ao longo da história da humanidade para explicar e compreender os mesmos fatos matemáticos praticados pela sociedade ou criados por ela. Assim, é possível então, admitirmos que uma abordagem para a Matemática escolar, centrada no uso das informações históricas como reorganizador cognitivo dos conteúdos previstos para o ensino fundamental e médio, é de suma importância para a formação dos estudantes, bem como para a ampliação do desenvolvimento conceitual dos professores.

Reiteramos que esta segunda edição revisada e ampliada do livro *A história como um agente de cognição na Educação Matemática* se justifica pelo interesse dos leitores interessados no tema, que têm procurado ter acesso às informações contidas no livro, cuja primeira edição, publicada em 2006, foi fruto de uma das etapas da pesquisa intitulada *A formação de professores de Matemática a partir da história da Matemática*, financiada pelo CNPq entre 2005 e 2007 e coordenada pelo professor Iran Abreu Mendes. Alguns novos capítulos incorporados a esta edição são frutos de novas pesquisas, experiências docentes e reflexões realizadas pelos autores entre 2008 e 2021.

Assim, esta edição atualizada e revisada está composta por sete capítulos que abordam reflexões teóricas, experiências e propostas de abordagens temáticas de ensino de Matemática. Todos os textos estão fundados na exploração da história como um princípio de agenciamento da cognição dos estudantes, para a aprendizagem de fundamentos epistemológicos dessa disciplina escolar, mediante a exploração de possibilidades didáticas que contribuam para a mediação de ações pelos professores na forma de uma abordagem conceitual da Matemática escolar nos níveis de ensino: fundamental, médio e superior.

No primeiro capítulo, intitulado *Relações conceituais entre história, cognição e aprendizagem matemática*, Iran Abreu Mendes convida os leitores a refletirem sobre os processos operacionalizados pelo pensamento humano para se apropriar e explicar objetos matemáticos, práticas matemáticas, suas relações com o contexto sociocultural em todos os tempos e espaços. Considera princípios e métodos que caracterizam a *história como um acionador cognitivo na aprendizagem matemática, como um reorganizador cognitivo na aprendizagem matemática, agente de cognição no ensino de Matemática e de cognição matemática na sala de aula*.

O segundo capítulo, *A história como elemento unificador na Educação Matemática*, de autoria de Juan E. Nápoles Valdés (gentilmente cedido pelo autor e traduzido para fins didáticos), constitui-se em uma discussão sobre os princípios epistemológicos, segundo as quais vários autores se debruçam para formular perspectivas favoráveis à construção da Matemática escolar. Expõe alguns aspectos essenciais para o uso significativo da história da Matemática nas atividades de sala de aula.

O terceiro capítulo, de Iran Abreu Mendes, *A investigação histórica como agente da cognição matemática na sala de aula*, discute alguns dos trabalhos voltados à investigação de aspectos teóricos e práticos referentes ao uso da história no ensino da Matemática. Enfatiza a sua importância para o ensino da disciplina e analisa as possibilidades de uso da investigação histórica como um agente de cognição matemática na sala de aula. Para tanto, o autor propõe fundamentos norteadores para o uso didático da história da Matemática em sala de aula, considerando-a um princípio aglutinador dos aspectos cotidiano, escolar e científico da Matemática.

No quarto capítulo, denominado *História da Matemática para uma reinvenção didática nas aulas de Matemática*, Iran Abreu Mendes discorre sobre abordagens didáticas para a Matemática da Educação Básica. Essas abordagens objetivam promover integrações de informações acerca do desenvolvimento histórico das ideias matemáticas em sala de aula, desde que priorizem o rigor e a naturalidade no tratamento dos assuntos matemáticos. Neste capítulo, o autor procurou manter a intenção de um artigo original publicado anteriormente, com acréscimos de uma discussão mais ampliada de apontamentos que possibilitem um aprofundamento maior dos leitores a respeito do tema, visando oferecer, aos professores de Matemática da Educação Básica e da licenciatura, um encaminhamento didático que possa contribuir nas suas ações docentes. Para tanto, indica aspectos centrais a serem focados no momento de se inserir a dimensão histórica nas aulas de Matemática, como uma apresentação temática e material, além de um desenvolvimento conceitual construído a partir da exploração de fontes primárias ou secundárias na forma de atividades didáticas que poderão ser utilizadas pelo professor para introduzir, ilustrar, ou aprofundar um conceito a ser ensinado.

No quinto capítulo, intitulado *Recursos pedagógicos para o ensino da Matemática a partir das obras de dois matemáticos da Antiguidade*, John A. Fossa apresenta alguns exemplos concretos de como os princípios epistemológicos discutidos nos capítulos anteriores podem nortear o desenvolvimento de intervenções pedagógicas para o ensino da Matemática. Nesse intuito, examina obras de dois matemáticos antigos, mostrando como elas podem ser retomadas didaticamente, mediante uma investigação histórica, de modo a se reorganizar na forma de atividades para a aprendizagem de tópicos matemáticos em sala de aula.

O sexto capítulo, sob o título *Lendo textos históricos na sala de aula*, John A. Fossa argumenta que a leitura de textos históricos poderá ser um poderoso instrumento para a construção do conhecimento matemático, a partir de esclarecimentos sobre o papel da história como um agente de motivação. Considera as posições recentes da comunidade da Educação Matemática, de que a história da Matemática foi limitada, no contexto pedagógico, às ações motivadoras. Essa limitação foi muito criticada por quem almejava um papel mais arrojado para a história. Embora compartilhe dessa aspiração para um uso mais dinâmico da história no ensino da Matemática escolar, o autor destaca que avaliamos o potencial dessa história como fonte de motivação como sendo altamente importante, mas que deve se constituir como um agente de cognição matemática.

No sétimo e último capítulo, intitulado *Lucubrações conclusivas*, seus autores Iran Abreu Mendes e John A. Fossa fazem uma espécie de conclusão dos capítulos anteriores, mas não um simples resumo e, sim, algumas reflexões mais profundas sobre certos assuntos neles abordados. Por esse motivo, as referidas reflexões foram adjetivadas como "conclusivas", no sentido de serem oferecidas à guisa de considerações finais. Os autores não pretendem, no entanto, que sejam "conclusivas" no sentido de responderem definitivamente às questões levantadas, ou de darem a "última palavra" sobre os temas discutidos. Muito ao contrário, encaram os assuntos escolhidos como merecedores de maiores esforços investigativos e, portanto, esperam que o livro ofereça uma pequena contribuição a um diálogo maior sobre o tema.

Para finalizar esta apresentação, esperamos que o livro possa contribuir para a ampliação das discussões acadêmicas concernentes a esse tema, bem como para uma formação mais sólida do professor de Matemática, pois a referida formação é pedra angular no melhoramento do ensino dessa disciplina. Desejamos a todos uma leitura enriquecedora e formativa, que acione seus processos cognitivos para um aprofundamento sobre o tema abordado.

Iran Abreu Mendes
Junho de 2023

SUMÁRIO

Apresentação, 9
Iran Abreu Mendes

1. Relações conceituais entre história, cognição e aprendizagem matemática, 19
Iran Abreu Mendes

2. A história como elemento unificador na Educação Matemática, 47
Juan E. Nápoles Valdés

3. A investigação histórica como agente de cognição matemática na sala de aula, 95
Iran Abreu Mendes

4. História da Matemática para uma renovação didática nas aulas de Matemática, 149
Iran Abreu Mendes

5. Recursos pedagógicos para o ensino da Matemática a partir das obras de dois matemáticos da Antiguidade, 169
John A. Fossa

6. Lendo textos históricos na sala de aula, 221
John A. Fossa

7. Lucubrações conclusivas, 239
Iran Abreu Mendes | John A. Fossa

Referências, 247

Índice, 265

Sobre os autores, 269

1

Relações conceituais entre história, cognição e aprendizagem matemática

Iran Abreu Mendes

Não se pode dizer que alguma coisa é, sem se dizer o que ela é. Ao refletir sobre os fatos, já os estamos relacionando com conceitos, e certamente não é indiferente saber quais sejam esses conceitos (Friedrich Schlegel, 1975, citado por Reinhart Koselleck, 2006).

Relações conceituais entre história, cognição e aprendizagem matemática

Iran Abreu Mendes

Do que se compreende como criatividade matemática

A EPÍGRAFE de abertura deste capítulo suscita reflexões concernentes a temática a ser abordada nas páginas deste capítulo. A intenção é estabelecer respostas sobre uma indagação, que frequentemente se manifesta nos ambientes educativos, a respeito do ato da criação ou processos criativos na produção de conhecimento e de promoção da aprendizagem em seu sentido criativo para compreender e explicar o que se quer. Tal questão me leva a conjecturar sobre os modos como concebo esse ato de criatividade como um processo constituinte de uma habilidade inerente ao ser humano em sua dinâmica cognitiva para conhecer, compreender e explicar.

Minha inquietação indagativa remete a duas interrogações: por quê? e para quê? Verifica-se, nessa esteira de indagações, que ao longo dos séculos XIX e XX diversos estudiosos sobre o assunto discorreram sobre a noção de criatividade, enfatizando que se trata de uma habilidade humana essencial em um exercício contínuo. Esse ato se constitui em uma dinâmica cognitiva humana que foi e é fundamental para o desenvolvimento do potencial de quem estuda, aprende e produz conhecimento em qualquer campo sociocultural, científico e técnico[2].

Estudos que realizei desde 1993 me mostraram que as pesquisas relacionadas aos usos da história no ensino da Matemática têm se multiplicado potencialmente desde a última década do século XX (a partir de 1990), constituindo assim uma diversidade de princípios, métodos e modalidades de abordagens didáticas para estruturar o enfoque dado às

---

[2] A esse respeito, consultar Poincaré (1920, 2010); Hadamard (1944, 2009); Boirel (1961, 1966); Moles (1970, 1998, 2007, 2012); Csikszentmihaly (2006), mencionados nas referências ao final do livro.

unidades temáticas relativamente ao ensino de Matemática. A esse respeito, destaco que as discussões e reflexões apresentadas no decorrer das seções deste capítulo, em forma de ensaio, estão apoiadas em princípios fundamentadores concernentes aos usos da história da Matemática no ensino, por meio da investigação em sala de aula, já defendidos por mim em minhas publicações anteriores, desde a década de 1990.

Considero que tal habilidade investigativa é essencial para a autonomia intelectual humana, no sentido de desenvolver um pensamento inovador/criativo que se constitui em uma estratégia primordial para aprendermos a conduzir nossa vida em um processo de aprendizagem emancipatória constante. Ademais, parto do pressuposto de que a busca de dinâmicas para a produção de conhecimento novo poderá apontar caminhos que enriqueçam processos educativos que favoreçam o crescimento de quem produz conhecimento na escola formal ou informal, de modo a conduzir um processo de aprendizagem e produção cognitiva sempre prazeroso e inovador, que nunca permita a cristalização da rigidez de práticas e conceitos, e sim viabilize a concretização de estratégias de pensamento, por meio de dinâmicas que imprimam um constante interesse pela renovação e arejamento das ideias de quem aprende.

Embora no discorrer deste ensaio fique evidente que o recorte das discussões aqui lançadas não pretenda tratar diretamente das histórias da criação matemática e seus processos criativos, minha intenção é explorar alguns modos por meio dos quais diversos intelectuais, como filósofos, investigadores, cientistas ou outros profissionais correlatos, se envolveram na busca de soluções para problemas que os desafiaram e, a partir dos quais, organizaram dinâmicas de combinações entre conhecimentos já produzidos, para que pudessem apontar soluções aos problemas novos que surgiam.

Relativamente a essas tipologias concernentes a esses intelectuais, tomei como suporte as discussões de Daniel J. Boorstin, em três livros que compõem sua trilogia temática: *Os descobridores* (1994), *Os criadores* (1995) e *Os investigadores* (2003). Seu enfoque central é a história da criatividade humana para conhecer seu mundo e a si mesmo, em busca de explicações processuais históricas a respeito do acionamento da cognição humana em torno da construção sociocultural da realidade. A essas ideias associei, ainda, as reflexões atualizadas de A. C. Grayling (2021) acerca das fronteiras do conhecimento, na relação ciência, história e mente.

Em *Os descobridores*, Boorstin (1994) tomou como base a história da cultura humana e seu processo de criação de explicações sobre sua existência no mundo, para demonstrar a necessidade humana de conhecer para saber o que está "além" do que se pode imaginar. Na segunda obra, *Os criadores* (1995), o autor aprofunda sua elaboração histórica com relação à criatividade humana, a fim de situar tais processos criativos em torno de ramos de conhecimento como a religião, a magia, a alquimia, a ciência e a arte. Finaliza a trilogia com *Os investigadores* (2003), evidenciando que se trata de uma história permanente dos humanos em busca de uma compreensão de si, de seu mundo habitado e de um novo mundo a ser inventado, sem desprezar os aspectos mencionados nos dois livros anteriores, enfatiza mais os aspectos demarcados pelo espírito científico na produção de conhecimento.

Na ampliação das discussões sobre esse tema, a abordagem atualizada e estabelecida por Grayling (2021), no livro *As fronteiras do conhecimento*, argumenta sobre a existência das tecnologias, antes da ciência, como formas de fazer emergir a ciência para criar meios de representação do mundo. Seu texto enfatiza como a escrita das histórias descreve o aparecimento da humanidade, os problemas de relações compreensivas entre o passado e sua projeção no presente-futuro[3], organizado por meio da mente e dos registros materializados a partir do desenvolvimento da consciência humana sobre observação, representação e projeção futura dos fatos científicos e não científicos em constante transformação.

Com base em enfoques epistemológicos como os mencionados anteriormente, justifico o porquê dos encaminhamentos dados aos meus estudos e pesquisas, que seguiram na direção desses processos, por mim considerados como um *continuum* de movimentos criativos, realizados pelos matemáticos de diferentes campos dessa ciência ao longo da história humana, intencionando produzir soluções que se caracterizassem

---

[3] Adotei o termo composto presente-futuro no sentido de que o presente é instantâneo, ou seja, é infinitesimal, e logo se torna passado, e avançará na direção do futuro. É apenas a fronteira entre o passado e o futuro. Adoto a noção de tempo concebida por Henri Bergson (1891), quando o autor assevera que o tempo real é sucessão, continuidade, mudança, memória e criação. Por definição, o passado é o que não é mais, o futuro, o que ainda não é, e o presente é o que é. Mas o instante presente, quando percebido, já passou.

como explicações de fatos matemáticos desafiadores; portanto, gerando conhecimento novo, ou seja, novas explicações matemáticas para os fatos antigos ou para a evidência de fatos novos.

Nesse movimento, minha proposta é convidar os leitores a refletirem sobre os processos operacionalizados pelo pensamento humano a fim de se apropriar e explicar objetos matemáticos, práticas matemáticas, suas relações com o contexto sociocultural em todos os tempos e em todos os espaços, principalmente na perspectiva de responder a uma questão: como esses modos de ser e de estar do pensamento e das práticas matemáticas foram e ainda hoje são captados em processos de cognição matemática em todas as suas dimensões? Ou seja, indagar sempre sobre: como é que essas ações investigativas se processam? Se esses processos têm uma dinâmica única ou se constituem uma combinação de múltiplas dinâmicas de culturas matemáticas, movimentando-se em exercícios cognitivos para desenvolver essa compreensão a partir da história da Matemática?

Na tentativa de responder a essas perguntas, considero necessário instalar um movimento processual de compreensão histórica da Matemática que precisa e deve ser exercitado no ambiente escolar. Todavia, o contexto escolar, muitas vezes, se mostra permeado de lacunas, talvez pela formação fragmentada ou incompleta adquirida pelo professor de Matemática durante a sua formação, o que pode denotar desconhecimento sobre o desenvolvimento histórico das ideias matemáticas expressas nas formas de conceitos, propriedades e relações epistêmicas. Além disso, fica evidenciada a necessidade de que os envolvidos se apropriem dos processos cognitivos advindos dos agenciamentos[4] oferecidos pelos fatos matemáticos históricos, tendo em vista fazer emergir novas apropriações e reorganizações cognitivas em torno dos objetos matemáticos que precisam ser construídos pelos estudantes ao longo de seu percurso escolar formativo.

Ainda a respeito das perguntas lançadas anteriormente, reflito com base em todos os anos de estudos, pesquisas e na minha experiência docente, intencionando compreender e explicar se os professores têm

---

[4] O termo *agenciamento* é tomado das discussões estabelecidas por Ludwik Fleck (2010) acerca da gênese e desenvolvimento de um fato científico, quando esclarece aspectos referentes às relações entre sujeito e objeto nos processos de produção de conhecimento científico.

algum tipo de dificuldade para elaborar e explicitar argumentações explicativas sobre determinados assuntos durante suas atividades docentes, a fim de ampliar mais detalhadamente o encaminhamento para que os estudantes alcancem uma aprendizagem compreensiva. Isto porque, muitas vezes, devido ao seu desconhecimento sobre o desenvolvimento histórico-epistemológico da Matemática a ser ensinada, durante suas aulas são denotadas algumas evidências de que talvez esses professores não tenham um domínio pleno das composições conceituais históricas da Matemática. Ou seja, não se sentem confortáveis para organizar um movimento sequencial histórico (MSH)[5] que demonstre como foram desenvolvidos determinados temas matemáticos escolares ao longo dos tempos e em múltiplos espaços[6].

Parto da premissa de que o domínio desses processos conceituais históricos, relativamente à Matemática escolar a ser ensinada, pode conceder ao professor possibilidades de inserir esse movimento em seu trabalho docente de sala de aula. Essa é uma abordagem que já venho tratando desde 1993 e aprofundando ao longo dos estudos e pesquisas realizados, bem como em minhas práticas de orientações na pós-graduação. Trata-se de um movimento investigativo, interpretativo e compreensivo sobre os processos históricos criativos dos matemáticos, que atualmente exige dos pesquisadores e dos professores novos exercícios cognitivos, para que possam estabelecer dinâmicas de criação a serem inseridas na docência, com o intuito de compor e executar estratégias metodológicas de ensino que contribuam para o alcance da aprendizagem matemática dos estudantes.

Foi com essas intenções que, ao longo de mais de duas décadas, desenvolvi estudos e pesquisas para experimentar uma multiplicidade de estratégias didáticas que pudessem ser associadas aos princípios investigativos, problematizadores e fundamentadores do ensino e da aprendizagem matemática, estabelecidas a partir do desenvolvimento histórico-epistemológico da Matemática. Dessas experiências e reflexões, reinventei princípios e métodos que convergiram para a criação de novos princípios fundadores de uma *história como um acionador cognitivo na aprendizagem matemática, como um reorganizador cognitivo na aprendizagem matemática, e como um agente de cognição no ensino de Matemática e de cognição matemática na sala de aula.*

---

[5] Sobre o MSH, ver Mendes (2021b; 2023).
[6] Referente a esse assunto, ver Mendes (2022a, p. 65-71).

Essas expressões possuem uma trajetória conceitual que se iniciou no final de meus estudos doutorais, após minhas reflexões sobre as leituras e interpretações de fontes históricas e suas funções pedagógicas para se ensinar Matemática. Naquele momento, interpretei que tais fontes se constituíam em agentes de condução do processo de ensino e aprendizagem da Matemática, por serem constituídas de argumentos e posicionamentos filosóficos acerca das relações entre história e ensino de Matemática (Mendes, 2021a, 2022).

Entretanto, antes de adotar qualquer posição favorável ou não ao uso da história no ensino da Matemática, como quaisquer das formas até então propostas, foi importante compreender quais eram as finalidades pedagógicas intencionadas ao utilizar a história no ensino de Matemática que pudessem me levar a alcançar um ensino de Matemática capaz de agenciar a cognição dos estudantes, para alcançar uma aprendizagem compreensiva. Essa preocupação surgiu devido à posição que a Matemática ocupa nos currículos oficiais de ensino, bem como nos livros didáticos utilizados em sala de aula. Como sabemos, a maioria das propostas oficiais de ensino e dos livros didáticos tem a Matemática como um conhecimento pré-concebido, sem nenhum contexto histórico, social e cultural que pressuponha a sua construção.

Essa expressão história como agente de condução do processo de ensino e de aprendizagem da Matemática, mencionada no parágrafo anterior, foi incluída já na primeira edição de um livro pioneiro no tocante a essa temática (Mendes, 2001a). Naquele momento, as ideias surgiram como um embrião conceitual que amadureceu e se estruturou ao longo de duas décadas de estudos, pesquisas e reflexões teóricas. A noção conceitual passou por um processo de aprofundamento teórico e, posteriormente, foi enunciada sob três denominações: 1) *a história como acionador cognitivo no ensino de Matemática*; 2) *a história como reorganizador cognitivo e didático no ensino de Matemática*, e, por fim, 3) *a história como um agente de cognição na aprendizagem Matemática*.

Depois de aprofundamentos em estudos sobre o assunto e com base em reflexões conclusivas exitosas de pesquisas realizadas, denominei de a *história como um agente de cognição na Educação Matemática*, uma vez que se tratava de apostar numa forma de propor um movimento de agenciamento do pensamento dos estudantes, por meio das ações do professor, conduzido pelos fatos matemáticos históricos que trazem consigo um conjunto de ações cognitivas historicamente produzidas pela sociedade, pela cultura e, de um modo geral, pelos matemáticos que representaram esses movimentos sociocognitivos coletivos.

Cabe, porém, fazer uma descrição do que compreendo por essas três expressões conceituais que se transformaram no decorrer dos anos, com base nas experiências didáticas que envolveram pesquisas e práticas relacionadas aos usos da história da Matemática no ensino. Após minhas reflexões, foi possível enunciar as características de uma história que considero mais adequada para se ensinar Matemática. Antes, porém, se faz necessário explicitar o significado conceitual adotado para abordar conceitos como os de *acionador*, *reorganizador* e *agente*, assim como associá-los ao conceito de *cognição*, e aos tipos de *ensino* e de *aprendizagem*.

O foco central de tal significação está em torno dos processos de agenciamentos, que remetem à expressão cujo significado central está no título deste livro, quando associado ao conceito de história (da Matemática) e de Educação Matemática (ação de educar por meio da Matemática), quando transformada em disciplina escolar. Ou seja, como a cultura escolar se constitui formadora de pensamentos e ações de um coletivo, a partir dos estilos de pensamento já estabelecidos em cada coletivo de pensamento, conforme enunciado por Ludwik Fleck (2010) no livro *Gênese e desenvolvimento de um fato científico*[7].

É no livro supramencionado que Fleck estabelece sua teoria acerca da emergência e o desenvolvimento de um fato científico, ao introduzir suas reflexões e proposições a respeito do que compreendia por estilo de pensamento e pensamento coletivo ou coletivo de pensamento, na produção de conhecimento. Esses foram os conceitos precursores para a explicação dos modos como as ideias científicas se modificam ao longo do tempo, que posteriormente foram institucionalizadas pela sociologia da ciência nos termos de comunidade científica, paradigma, ciência normal, propostas por Thomas Kuhn (1996) e de épistème[8], enunciada por Michel Foucault (2002), além das ideias propugnadas por Bruno

---

[7] Esse livro foi publicado originalmente em alemão, sob o título *Entstehung und Entwicklung einer wissenschaftlichen Tatsache: Einführung in die Lehre vom Denkstil und Denkkollektiv* (1935), e posteriormente em inglês, com o título (1979), editado por T.J. Trenn e R.K. Merton, com prefácio de Thomas Kuhn. A publicação brasileira é datada de 2010, mencionada no final deste livro.

[8] Do grego antigo ἐπιστήμη, corresponde ao termo ép*istèmē*, significando conhecimento. Em filosofia, refere-se ao conhecimento científico como um sistema de entendimento baseado em princípios, às vezes contrastado com o empirismo. Especificamente na filosofia grega antiga, significa saber-fazer, correspondente a *techne* (τεχνική, significando saber técnico

Latour (2000, 2013) em seu livros *Ciência em Ação* e *Jamais fomos Modernos* e por Michel Serres (2008), no livro *Ramos*, ao abordar sobre os conceitos de ciência mãe, ciência filha e os novas invenções epistemológicas que indicam as ramificações científicas que correspondem ao pensamento de Kuhn sobre ciência pré-paradigmática e ciência normal.

As três questões às quais me refiro no título deste capítulo são expressas nas seções a seguir, e estão bastante refletidas nas discussões presentes nos capítulos seguintes deste livro. Convergem para o significado dado ao seu título, quando trata do agenciamento cognitivo dos estudantes para alcançar uma Educação Matemática em sentido mais amplo. O termo agenciamento é tomado no sentido de uma ação de mediar interações do sujeito com objetos de conhecimento com fins de estabelecer relações de interesse em comum.

Um agenciamento pressupõe a existência do agente, ou seja, o autor da ação, aquele que promove a interação de modo a levar o sujeito a apropriar-se do objeto de conhecimento. Esse agente pode ser animado ou inanimado, como é o caso de outro sujeito físico vivo ou algum objeto da cultura histórica, como artefatos materiais, manuscritos etc. Contudo, suas inserções e usos pelo sujeito do processo de conhecer fornecem o caráter agenciador na ação cognitiva.

Diante do que foi exposto nas partes anteriores deste capítulo, passo às três seções, a seguir, com o itinerário constituinte do que denomino de agente de cognição e suas implicações nos processos de ensino e de aprendizagem matemática, bem como nos modos de promover atividades que provoquem a cognição de quem aprende por meio de acionadores cognitivos de aprendizagem, reorganizadores cognitivos em processos de aprendizagem e agentes de cognição no ensino.

Essas três expressões conceituais estão fundamentadas, também, no conceito de aprendizagem como compreensão. Tais expressões manifestam uma caracterização sinonímica de aprendizagem compreensiva, adje-

---

(Durozoi; Roussel, 1999). Na filosofia foucaultiana, refere-se ao âmbito de ordenamento histórico-cultural dos discursos independentemente e aquém dos possíveis critérios de cientificidade do discurso científico propriamente dito, por meio dos quais se estabelecem os limites do que é aceito como conhecimento verdadeiro em uma determinada época (Foucault, 2002). Bunge (2012) refere-se ao assunto, mencionando que o termo corresponde às relações entre conhecimento, verdade e crença; o que é comum e diferente entre conhecimento ordinário, científico e tecnológico.

tivada por Richard Skemp (1976; 2014) como compreensão relacional, reiterada posteriormente pelo autor (Skemp, 1980; 1993) ao abordar aspectos relacionados às inteligências intuitiva e reflexiva, referentes à aprendizagem habitual e a resistência dos conceitos como herança cultural.

Tais ideias me fizeram interpretar a estrutura histórico-espiral[9] do desenvolvimento epistemológico da Matemática como uma combinação esquemática originada das combinações de muitos conceitos matemáticos, e não em conexões continuadas, mediante as quais foi imprescindível se estabelecr ações de recorrência a conceitos matemáticos instituídos anteriormente. Isso ocorre, principalmente, por considerarmos que, quando cada indivíduo ou um coletivo de pensamento constrói novos conceitos, constitui uma rede entre os conceitos já estabelecidos anteriormente, que são agenciados para a estruturação de novas explicações relacionadas a tudo o que já está no mundo.

Igualmente, essas expressões também estão associadas, em minha interpretação, ao conceito de aprendizagem tal como concebe Kieran Egan (2002), em seu livro *A mente educada*, quando apresenta uma discussão sobre cinco tipos de compreensão: mítica, romântica, filosófica, icônica e somática, para desenhar uma possível trajetória processual da instituição e estratégias de pensamento em prol da produção de conhecimento, fazendo emergir expressões de linguagem para representar o mundo por meio de escalas e tipos de órgãos conceituais, que possibilitaram a emergência desses cinco modos de compreensão, que estão diretamente relacionados aos momentos históricos de constituição da epistemologia da matemática ou outro campo de conhecimento.

É, também, nesses termos que convergimos para o que propõe Margarida Knobbe, no livro *O que é compreender*, quando explicita que

> (...) tentar compreender algo apenas pelo viés da razão conduz a um estado de inércia, à indiferença [e que] não cansamos de tentar compreender porque é dessa forma que, ao esgotarmos os próprios pensamentos, temos necessidade de sentir o influxo das opiniões alheias, mesmo que não sigamos o seu impulso (Knobbe, 2014, p. 71).

---

[9] O sentido dado à expressão *histórico-espiral* se explica pelo fato de os criadores das matemáticas ao longo dos séculos, recorrerem a conceitos elaborados em tempos anteriores para sistematizar suas argumentações acerca de conhecimentos novos que criavam, cujo movimento atualmente ainda procede. Maiores detalhes, ver Mendes (2015, p. 83-115).

Portanto, as cinco manifestações da compreensão, anunciadas por Egan (2002), podem nos possibilitar dialogar com as indicações de Knobbe (2014) em busca de uma proposição articulada entre história e compreensão como processo de produção de conhecimento e aprendizagem. Nessa esteira, a autora ainda reitera que a compreensão se caracteriza por manifestar-se como expressão de um conhecimento criador de harmonia, situado às portas do prazer e da análise científica, ou seja, como auto-sócio-conhecimento, pressupondo a partilha do sentimento de verdade. A linguagem é o meio pelo qual se realiza o acordo entre os interlocutores para o entendimento da causa (Knobbe, 2014, p.73). Importante considerar que não há apenas uma compreensão válida acerca de um fato, de um fenômeno, de um processo. Porque "a compreensão é sempre construída a partir da escolha de um ou mais princípios existentes num universo de diversidade de princípios" (Knobbe, 2014, p.79), de contextos e de linguagens. Seja essa escolha consciente ou não.

Posso asseverar que as inserções de Skemp, de Egan e de Knobbe me possibilitaram interpretações por meio das quais conjecturei que o processo cognitivo agenciador da aprendizagem compreensiva não tem delimitação, ou seja, é infinito, e se desenvolve em múltiplas direções e dimensões. Caracteriza, assim, uma diversidade de aprendizagens complementares e correlacionadas em termos de acionamentos cognitivos utilizados pela mente humana em busca de interpretar e compreender situações que possam explicar fatos e acontecimentos diversos, conforme abordarei a seguir.

Sobre a história como um acionador cognitivo na aprendizagem matemática

A respeito da expressão *a história como um acionador*[10] *cognitivo na aprendizagem matemática* é necessário, primeiramente, partir do termo acionador, que pode ser tomado como aquilo que coloca em ação ou em prática, que faz com que algo comece a funcionar. É uma palavra referente ao ato de provocar o pensamento, desencadear sinapses mentais na

---

[10] A expressão *acionador cognitivo* refere-se à concepção de método complexo como estratégia, em: MORIN, Edgar. O método 3. O conhecimento do conhecimento. Porto Alegre: editora Sulina, 1999.

elaboração de pensamentos que expressem sentidos e significados aos objetos que se intenciona dar existência.

Com relação à expressão em questão, significa, portanto, acionar os setores cerebrais que conectam fatos matemáticos extraídos das leituras de textos históricos concernentes ao desenvolvimento conceitual da Matemática, ou seja, as épistèmes que correlacionam percursos epistemológicos constituintes da construção histórica de teorias matemáticas, de modo a provocar interconexões que envolvam matemáticas do passado e do presente, intencionando dar sentido ao processo de apreensão e apropriação das informações pelos estudantes, em seus movimentos de incorporação dos estilos de pensamento que se pretende fazê-los alcançar.

Esse movimento em torno do acionamento cognitivo por meio da história está subjacente em um excerto extraído de Maia (2015), quando o autor aborda relações entre história, ciência e linguagem, expressando que um dos maiores desafios, tanto da pesquisa em história quanto dos estudos de ciência, é aprender o caráter histórico que envolve passado e presente-futuro de seus objetos. Para argumentar a esse respeito, o autor enfatiza que:

> As atividades humanas ocorrem em um cenário que é historicamente constituído, isto é, as percepções que se tem em determinado tempo e lugar são sempre produzidas a partir de outras que se antecederam e que serão por elas substituídas. Qualquer entendimento novo sobre algo sempre parte do entendimento anterior – eis aí a noção de devir histórico (Maia, 2015, p. 16).

Esse movimento de transformação da compreensão dos fatos, a partir das conexões entre o que já está estabelecido e o que pretende estabelecer nos leva a compor o significado para o conceito de história como um acionador cognitivo, embora ainda necessitando de mais detalhamentos explicativos. Dentre os quais podemos mencionar a importância dos fatos já internalizados no sujeito que aprende em favor da dinâmica de inscrição desse sujeito em uma nova aventura que envolve seu acesso ao conhecimento novo, ou seja, ao processo de apropriação das informações e sua interpretação.

Para abordar mais detalhadamente esse processo de acionamento da cognição humana por meio da exploração de fatos históricos, necessitamos primeiramente de alguns esclarecimentos acerca dos apontamentos resultantes das investigações sobre cognição, que atualmente fazem parte do corpo de conhecimento das ciências cognitivas, como os primeiros estudos referentes às aptidões ou competências cognitivas no sentido clássico do termo (raciocínio, linguagem, percepção e ação); os estudos seguintes que focaram nas constituições e realizações materiais de diferentes tipos de mecanismos, neurofisiológicos (em Biologia) ou eletrônicos, e mesmo mecânicos (em inteligência artificial); e, por fim, os estudos que caracterizaram os modos de funcionamento das atividades desses mecanismos até poder descrevê-los sob a forma de processos desdobráveis em operações elementares, e depois modelizá-los em termos de propriedades que os tornem formais, conforme descreve e analisa Georges Vignaux (1995).

É com base nesses três agrupamentos de estudos, que denotaram os movimentos das ciências da cognição em torno do desenvolvimento do pensamento humano, que considero possível estabelecer correlações envolvendo o desenvolvimento das ideias matemáticas ao longo da história humana, sua organização sistemática e representação na forma de escrita ideográfica[11]. Tal escrita se fez presente em diferentes modos de expressão e comunicação, como nas pinturas rupestres, nos registros gráficos em ossos de diversos animais, em manuscritos produzidos antes da criação da imprensa e nos diversos livros produzidos e inseridos no contexto das relações entre sociedade, cognição e cultura, como uma variedade de suportes da escrita inventados para expressar o pensamento por meio de códigos diversos.

A respeito da invenção dos mais variados suportes para o registro da escrita como uma memória expandida do cérebro humano, que historicamente foi instituída por meio das história dos livros, podemos citar comentários de René Salles (1986), quando aborda aspectos essenciais

---

[11] A escrita ideográfica é uma forma de representação da linguagem, mediante o uso de desenhos especiais chamados ideogramas ou símbolos, que representam as ideias que se quer comunicar, ou seja, tem como princípio representar o significado das coisas. No decorrer dos tempos, os desenhos foram trocados por símbolos que permitissem representar palavras de comunicação mais complexas e a escrita foi se modificando continuamente. Para maiores detalhes, ver *A Escrita: memória dos homens*, de autoria de Georges Jean (2002); *História da escrita*, de Steven Roger Fisher (2009); ou ainda *5000 ans d'históire du livre* de René Salles (1986); História do alfabeto de John Man (2002), e Ideografia dinâmica de Pierre Levy (1997), mencionados nas referências ao final deste capítulo.

acerca dos cinco mil anos da história dos livros, como uma memória da escrita humana em todas as suas formas de manifestações de expressão e comunicação do pensamento e da oralidade, a respeito do que se pretendeu explicar a partir da compreensão individual e coletiva por meio de um processo de socialização da informação.

Nessa esteira, Salles (1986) considera que o movimento de invenção da escrita demarca a pré-história do livro moderno, a partir dos mais variados suportes estabelecidos pela sociedade humana para dar nome, estrutura e funcionamento das coisas naturais e artificiais que configuraram a organização social no planeta.

O mesmo movimento, relativamente à memória humana por meio da escrita, é manifestado por Georges Jean (2002), em *A escrita: memória dos homens*, quando assevera que, 20.000 anos antes da nossa Era, os humanos já traçavam seus primeiros desenhos. Contudo, temos confirmações arqueológicas de que somente há 17.000 anos é que a escrita apareceu em sua forma mais organizada como escrita ideográfica, com indicativos da criação dos primeiros códigos de representação por meio de ideogramas (signos escritos), que posteriormente originaram os signos da escrita em diferentes culturas humanas no planeta. Assim, as primeiras histórias das memórias humanas começaram a ser registradas até a forma que conhecemos atualmente.

Jean (2002) reitera, ainda, que o sistema de escrita não surgiu em poucos milênios, mas durante uma longa história espaço-temporal que se confunde e se entrelaça com a própria história humana. Essa história deixou manifestada a presença de escritas ideográficas que contêm indicativos de negociações, cujos suportes de registros foram as placas de argila da região da Mesopotâmia. Entretanto, a escrita ideográfica expressa sociodinâmicas culturais que parecem ser bem anteriores a esse período.

É dessa sociodinâmica cultural criadora que admitimos ser possível a história da Matemática exercer potencialmente um movimento acionador da compreensão dos estudantes com relação ao conhecimento matemático que se quer que aprendam durante as atividades escolares, tomando a história do desenvolvimento conceitual da Matemática como base de conhecimentos. Trata-se de uma arquitetura mental, concernente à inteligência artificial, que envolve três componentes, conforme salienta Vignaux (1995):

> A base dos conhecimentos que contém o conjunto das informações relativas ao domínio tratado [objeto de conhecimento] e que é escrita numa linguagem de representação dos conhecimentos; A base dos factos (memória de trabalho), que contém os dados do problema a tratar e que, ao conservar o registo dos raciocínios produzidos, desempenha o papel de memória auxiliar; Finalmente o motor de inferências, quer dizer, o programa destinado a utilizar os dados e as heurísticas da base de conhecimentos para resolver os diferentes problemas aferentes a estas informações e a estes dados (Vignaux, 1995, p. 30-31, sic).

A inteligência artificial sobre a qual me referi anteriormente já vinha sendo discutida desde a década de 1990 (Vignaux, 1991, 1995)[12] como um movimento de pesquisadores das ciências cognitivas, ciências matemáticas e computacionais. Refere-se à construção de um modelo de representações das condutas e capacidades humanas, que vem se ampliando desde a segunda metade do século XX, intencionando mostrar como essas três componentes, tratadas por Vignaux, compõem um sistema de interações, a fim de atribuir significado a um conjunto das diversas organizações conceituais que se expandiram ao longo dos tempos e passaram a compor a diversidade de documentos históricos registradores das interpretações humanas sobre os objetos históricos, que constituíram e constituem as épistèmes configuradoras dos pilares das teorias do conhecimento, disseminadas socialmente e acionadas a cada momento que se fizeram ou se fazem necessárias.

Talvez por esse entendimento, Vignaux (1995) tenha adotado os três termos – *base dos conhecimentos, base dos fatos, motor de inferências* -, para oferecer modos de triangulação interpretativa de cada movimento em torno dos acionamentos cognitivos, a fim de estabelecer relações sujeito-objeto-contexto histórico nas produções de conhecimento. Atualmente, a expansão ainda maior da inteligência artificial, por meio das redes de computadores, levaram estudiosos a ampliar a rede de explicações e expressão conceitual do assunto, na medida em que surgiu a necessidade de outros ambientes de representação das interpretações dos fenômenos e fatos históricos, como no caso das redes de computadores interativos.

---

[12] A publicação a primeira edição do livro de Georges Vignaux em francês foi em 1991, com base em seus estudos realizados até o final da década de 1980.

Dessa necessidade ampliou-se o conceito de escrita ideográfica para a criação do conceito de ideografia dinâmica, proposta por Pierre Levy (1991, 1997), tendo em vista a possibilidade de se constituir um ambiente adequado ao exercício de uma imaginação artificial que projetasse as capacidades criativas humanas por meio de um pensamento imagem, cujo suporte seria o computador, com a função de processar escritas ideográficas mediante novas dinâmicas, como renovação das formas de linguagem já existentes, mas com a inserção de processos constitutivos da criação de cada objeto de conhecimento.

Assim, conforme enfatizado por Levy (1991, 1997), a comunicação ocorreria por meio do uso ampliado dos grafismos em todos os seus estados. Assim, essa nova forma de ideografia (agora dinâmica) se constituiria em uma tecnologia intelectual, cujo papel central é expressar processos de funcionamento da imaginação humana.

Novamente vê-se evidências dos processos de acionamento cognitivo como base da ideografia dinâmica proposta por Pierre Levy, transparecendo na ênfase ao pensamento imaginativo humano, expandido pelo domínio artificial do ambiente computacional, considerando assim expansão da dinâmica cognitiva do cérebro à máquina. Esse movimento se tornou fortemente necessário e emergente no final da década de 1980, cujos primeiros modelos teóricos discutidos apareceriam logo em 1991, na publicação da primeira edição da versão francesa do livro de Levy, que tratou da proposição de seu modelo de problematização e explicação do objeto que seria expandido nas décadas seguintes.

A esse respeito, reiteramos as implicações desse movimento nas relações de acionamento cognitivo por meio da história em diferentes suportes de investigação em busca de compreensão, pois conforme já destacado por Maia (2015), como o sujeito é dinâmico e histórico, os processos de acionamento cognitivo envolvem esses três pilares mencionados por Vignaux (1995) como sendo sustentadores desses processos acionadores, de acordo com a posição de cada um no momento em que desencadeiam as sinapses provocadas por cada fato histórico tomado para o exercício cognitivo em busca de aprendizagem. Daí poderá se tornar viável fazer exercícios de interconexões que envolvam passado e presente, para que o estudante alcance uma compreensão do movimento epistêmico em torno de conceitos que desencadearam a constituição de novos conceitos e, portanto, a ampliação dos objetos de conhecimento.

Todavia, devemos ter claro, também, que esse movimento de conexão das épistèmes, que envolvem o acionamento cognitivo do estudante para a compreensão do desenvolvimento de conceitos, propriedades e relações matemáticas ao longo da história humana, intencionando se apropriar das matemáticas escolares, requer exercício de reorganização cognitiva. Por isso, houve necessidade de repensarmos esse conceito de acionador cognitivo, conforme discuto na seção a seguir.

A história como um reorganizador cognitivo na aprendizagem matemática

Com uma característica um pouco diferenciada do movimento descrito na seção anterior, a ação subjacente ao termo reorganizador refere-se ao fato de tomar o que já se tem à disposição e dar uma nova configuração ou disposição, de acordo com os interesses de cada sujeito que tem em mente o que quer recompor. Trata-se de dar um novo sentido ao que já existe, muitas vezes modificando suas funções anteriores e, outras vezes, lhe atribuindo novas representações para se alcançar o objetivo almejado.

É com essa compreensão que o significado dado à história como um reorganizador cognitivo na aprendizagem matemática corresponde a fornecer, tanto ao professor quanto ao estudante, a possibilidade de renovação e ampliação de sua compreensão com referência a determinados conceitos, propriedades e relações matemáticas que foram se constituindo ao longo do desenvolvimento histórico-epistemológico da Matemática, por meio de processos criativos, que têm potencialidades de ampliação do exercício cognitivo e podem promover uma compreensão relacional, tal como defende Richard Skemp (1978), ao enfatizar a importância da ampliação de esquemas relacionados à representação de um conceito matemático para a constituição desse tipo de compreensão.

A adoção da história da Matemática no ensino de Matemáticas escolares, nesse processo de reorganização cognitiva, envolve as ações do professor, ao planejar suas atividades de ensino, bem como dos estudantes, nas tarefas propostas pelo professor e no exercício de compreensão-

A História como um agente de cognição na Educação Matemática **35**

explicação das conexões que favoreçam identificar, refletir e organizar formas de representação que indiquem seu desenvolvimento cognitivo (do estudante) em relação ao tema focado pelo professor, de modo a dar um feedback do grau de alcance dos objetivos previstos para o alcance da aprendizagem pelo estudante.

Esse movimento em torno da história como um reorganizador cognitivo pode fortalecer o desenvolvimento da criatividade do estudante em favor de sua aprendizagem, assim como oportunizar a realização de exercícios inovadores em benefício da multiplicidade de interpretações e representações matemáticas de assuntos investigados em um texto histórico, oriundo de fontes primárias, secundárias ou outras fontes não diretamente relacionadas à Matemática, como por exemplo as histórias das religiões, da arte em geral, ou as histórias de outras ciências ou práticas socioculturais em geral.

A exemplo de uma história como reorganizador cognitivo na aprendizagem matemática, podemos mencionar episódios históricos relacionados ao desenvolvimento dos conceitos matemáticos. Tais episódios são considerados como recortes de fatos históricos tomados para compreender e explicar o desenvolvimento histórico-epistemológico de um tema matemático, visando possibilitar processos de aprendizagem compreensiva do tema, reflexões sobre influências sofridas e implicações na ampliação do campo da Matemática constituída atualmente. A depender do grau de aprofundamento, se faz necessário organizar conjuntos de episódios históricos que, sistematizados de forma coerente conforme a lógica organizacional dos conteúdos dos programas de ensino e dos livros didáticos adotados pela escola, podem constituir um sequencial histórico didático a ser utilizado no ensino de temas matemáticos.

Um exemplo bastante adequado para esclarecer sobre esse assunto é o conceito de função. Quando diversos episódios históricos relacionados ao tema são reorganizados em etapas, por um pesquisador ou pelo professor, geralmente tendem a indicar processos de estabelecimento conceitual do tema, desde as interpretações dos historiadores a respeito das expressões "proto-funcionais"[13] representadas nas tablitas identificadas em práticas socioculturais babilônicas (c. 2000 a. C.); nas

---

[13] O uso deste termo refere-se às práticas e representações diversas que relacionam ideias embrionárias sobre o tema, que posteriormente originaram as noções primeiras acerca do conceito de função, cujas trajetórias epistêmicas se formalizaram e se estruturaram mais adequadamente a partir do século XVII.

representações dos pitagóricos (c. séc. VI a. C); em relações que envolveram problematizações sobre as cordas da circunferência no Almagesto de Ptolomeu (c. séc. III); na representação das leis da natureza por Nicolau de Oresme, por volta de 1350; nos sistemas de representações de Galileu, Leibniz e Descartes, no século XVII; nas formulações conceituais de D'Alembert, Euler e Lagrange no século XVIII; até nas formulações mais atualizadas, estabelecidas no século XIX, por Dirichlet, Lobatchevsky e Cauchy, de maneira a compor um panorama do desenvolvimento conceitual que trouxe em sua essência uma matriz estrutural, denotando um processo de reconfiguração da épistème relativa ao assunto.

A esse respeito, Mendes (2019, 2021b) assevera que a história do desenvolvimento do conceito de função evidencia o exercício de ações criativas (conceitual, construtiva), caracterizadas por modelos funcionais, como a função logarítmica originada dos trabalhos de John Napier (1550-1817), e avançou em direção aos algoritmos que envolveram os estudos sobre infinitesimais, originados pelo método de John Wallis em seu *Arithmetica Infinitorum*. O que implicou em novos estudos sobre o objeto matemático função, estabelecido pelos princípios e leis das variações, concretizados pelos trabalhos de René Descartes (1637) sobre as curvas geométricas e as funções algébricas que representaram tais curvas; as explorações físicas de Isaac Newton; e a sistematização lógica de Leibniz, ampliando o conceito de função, ao retomar embriões plantados por Arquimedes, Oresme e Cavalieri. Tratava-se, portanto, da continuidade dessas atividades que possibilitaram o estabelecimento da análise algébrica produzida, principalmente, no século XVIII, nos trabalhos de Daniel Bernoulli (1700-1782) e Leonhard Euler (1707-1783), posteriormente abrindo espaços para o fenômeno das funções multiformes.

Na medida em que esse movimento de constituição de uma cadeia de significação conceitual e de múltiplas representações de um tema matemático é problematizado por meio da exploração de episódios extraídos de textos históricos, na forma de práticas investigativas, se torna possível ao estudante situar e reorganizar seu pensamento a respeito do assunto e, com apoio do professor, ampliar sua compreensão sobre o que se pretende que ele aprenda. Conforme assinala Fleck, "quanto mais um domínio do saber (conhecimento) é sistematicamente elaborado e rico em detalhes e relações com outros domínios, tanto menores são as diferenças de opiniões" (Fleck, 2010, p. 50). Trata-se da mesma justificativa

A História como um agente de cognição na Educação Matemática **37**

dada por Skemp em sua rede de conexões esquemáticas para ampliar a compreensão relacional, principalmente quando os esquemas estão associados aos modos de compreender e explicar as épistèmes estabelecidas e substituídas no decorrer dos tempos e espaços históricos.

Diante do que foi discutido nessas duas seções, considero ter explicitado o contexto em que foi se constituindo o itinerário de retomada de aspectos viáveis originados de minhas experiências e reflexões acerca dos modos de incorporar a história no ensino de Matemática, até alcançar uma compreensão que me levou a sugerir a incorporação da história como um agente de cognição no ensino de Matemática, que possibilitasse situações agenciadoras de práticas investigativas, problematizadoras, interpretativas e criativas a serem incorporadas na docência, conforme abordarei na seção a seguir.

A história da Matemática como um agente de cognição no ensino de Matemática

Nesta seção, minha discussão segue apoiada em fundamentos teóricos, como os advindos das proposições de Fleck (2010). Entre elas, tomei o termo agente, ao considerar um aspecto tratado pelo autor, quando discorre sobre a dinâmica histórica do ativo-passivo na produção de conhecimento científico, em sua crítica à clássica dicotomia sujeito-objeto inserida no confronto do realismo com o relativismo, em relação ao processo de compreensão e explicação da cognição humana. Nesse sentido, interpreto que, na dinâmica de Fleck, a produção de conhecimento enfoca a relação ativo-passivo, considerando que sujeito e objeto são entidades independentes que fornecem compreensão e explicação diferenciadas para o confronto realismo *versus* relativismo, uma vez que sujeito e objeto são agentes do movimento histórico, que se articulam entre si.

Trata-se de uma noção sociológica acerca da ciência, fundadora do conceito de agenciamento como decorrência de intenções e decisões humanas, que deve ser ampliado e expandido para as coisas animadas ou inanimadas, em favor de uma atividade cognitiva que promova movimentos em torno de uma compreensão sobre o desenvolvimento conceitual, e que constituem os pilares da organização do conhecimento científico, como no caso das matemáticas acadêmicas e escolares produzidas em contextos socioculturais diversos, transformadas socialmente, ampliadas e disseminadas em diversos ambientes socioculturais como a escola.

Para tornar clara a justificativa de que a história da Matemática se constitui em um dispositivo de agenciamento para a materialização do ato cognitivo por parte do professor e, consequentemente, implicado nas experiências de aprendizagem dos estudantes, pode-se lançar mão de documentos históricos na forma de fontes primárias ou secundárias. Também naqueles expressos nos mais diversos artefatos, instrumentos, ferramentas e outros objetos da cultura material ou imaterial, provocadores de indagações. O importante é que possam estabelecer agenciamentos simbólico-materiais no sentido de aguçar o pensamento, a elaboração de conjecturas e enunciações parcialmente conclusivas, seguida de suas multiplicidades de representações, que possam ser adotadas no ensino de Matemática para promover uma aprendizagem compreensiva dos estudantes.

Para processar o agenciamento, considero que todos os objetos que compreendem o contexto histórico em que os fatos matemáticos estão configurados devem ser tomados como agentes individuais ou coletivos, considerando que compõem um coletivo cujos elementos se interconectam para dar sentido e significado ampliado ao que se investiga, visando alcançar uma compreensão por cognição. Assim, a investigação das fontes históricas pode ser situada como um dispositivo memorialístico estabelecido socialmente em documentos e outras fontes de conhecimento cristalizado, capaz de agenciar os modos de ensinar do professor e os processos de aprendizagem de modo dinâmico e reflexivo a ser objetivado pelos estudantes.

A história exerce, nesse caso, um agenciamento produtor de sentidos e significados por meio de exercícios cognitivos articuladores de sinapses cerebrais que criam um campo memorialístico no qual surgem relações entre o passado e o presente, concernentes aos fatos matemáticos que afetam e transformam os processos de compreensão dos estudantes acerca do desenvolvimento epistemológico da Matemática. Tal agenciamento não é definido como um ato intencional humano e único, mas se torna uma ação que produz alguns efeitos que precisam ser explorados de acordo com os interesses do professor em suas aulas de Matemática.

Em minhas reflexões, tomei o termo afetar para ser usado neste texto, conforme o conceito estabelecido por Jaques Derrida (1999), quando argumenta que a motivação para o sujeito do conhecimento (da aprendizagem) "ser afetado" não se refere a uma qualidade inata do agente em relação ao agenciado, posto que ela (a motivação para se afetar, ou seja, desenvolver afeto) depende do aprendizado decorrente de vivências anteriores e do estilo de pensamento do agente, conforme enfatiza Fleck (2010), implicando na configuração dos traços de afeto causados pelo agente, para originar tipos de decodificação e representação da compreensão alcançada pelo estudante, acerca do desenvolvimento histórico e epistemológico da Matemática.

Esses traços de afeto aos quais Derrida (1999) se refere aparecem como um vestígio de algo, antes de sua significação, ou seja, uma percepção sensória ainda não significante, conforme mencionado por Maia (2015):

> O processo de significação ocorrerá na escritura na qual o agente se inscreve (o seu coletivo fleckiano). Isso fornece uma harmonia entre esses autores que alimenta a noção de que as impressões sensoriais indefinidas são retrato da invasão de um real hipotético, fora da linguagem, na realidade historicamente constituída. Entre o "real" imaginado como tal e a realidade histórica constatada na práxis, há o agenciamento da linguagem (Maia, 2015, p. 46).

Em relação ao agenciamento por meio da linguagem, é importante destacar que a escrita da história (historiografia) como representação de realidades, é constituída de um conjunto de traços discursivos que envolvem agentes simbólicos representados pelas fontes históricas que nos levam a escrever a história (da Matemática) e, consequentemente, reinventar esses agentes simbólicos, agora como fontes de uma história mobilizada em torno de um objeto de aprendizagem, ou seja, um novo agente simbólico que acione os processos cognitivos para a apreensão da realidade que se pretende ser incorporada pelo estudante.

Outro aspecto importante de ser abordado nesta seção refere-se aos impactos de afetação cognitiva que a história como agente de cognição pode causar na forma de atividades práticas, ou seja, os modos como as dinâmicas cognitivas se organizam para a aprendizagem matemática quando os estudantes vivenciarem práticas experimentais, manipulativas, com uso de artefatos históricos ou protótipos desses artefatos, ou com a exploração de simulacros que representem experiências matemáticas historicamente escritas ou documentadas.

Trata-se de uma atividade que, ao mesmo tempo, envolve ações simultaneamente mentais e materiais, posto que essas práticas históricas atualizadas promovem interatividades que conectam integrativamente à mente exercícios que fortalecem habilidades matemáticas, como contar, medir, estimar, combinar, representar graficamente, dimensionar os espaços etc.

Apontamentos finais e outros encaminhamentos

Conforme já mencionei ao longo deste capítulo, foi com a intenção de encontrar caminhos que pudessem oferecer aos professores estratégias de ensino em direção a uma aprendizagem da cultura matemática, em seus aspectos epistêmicos adequados a uma compreensão relacional, que ao longo de mais de duas décadas desenvolvi estudos e pesquisas no intuito de experimentar uma multiplicidade de estratégias didáticas associadas aos princípios investigativos, problematizadores e fundamentadores do ensino e da aprendizagem matemática com o desenvolvimento histórico-epistemológico da Matemática. Dessas experiências e reflexões, estabeleci princípios e métodos que convergiram para a criação de fundamentos e métodos de ensino que sustentassem os usos da história como um acionador cognitivo na aprendizagem matemática, como um reorganizador cognitivo na aprendizagem matemática, como um agente de cognição no ensino de Matemática e de cognição matemática na sala de aula.

Após a realização e exercícios experimentais baseadas nesses princípios fundadores, organizei um modelo teórico-prático denominado de *história como um mediador didático e conceitual (HMDC)*, que pressupõe a incorporação das modalidades de usos da história no ensino da Matemática, já mencionadas neste capítulo, envolvendo informações extraídas diretamente ou adaptadas da história da Matemática; os textos e problemas históricos extraídos ou adaptados de fontes primárias; e a possibilidade de utilização das tecnologias digitais para a produção e uso didático de vídeos e outros aplicativos a partir de fontes históricas primárias ou secundárias. Na maioria desses exercícios, a base principal sempre foi o desenvolvimento de projetos de investigação temática em história da Matemática.

A proposta de materialização desse modelo didático na prática de sala de aula deve seguir alguns encaminhamentos, como a identificação e a seleção de alguns temas históricos a serem investigadas. A partir daí, planejar, executar e avaliar ações que envolvam o desenvolvimento de investigações históricas dos temas selecionados, por meio de pesquisa individual ou coletiva com os estudantes em sala de aula ou por meio de ações extraclasse.

Posteriormente, o professor deverá solicitar aos estudantes que exercitem a elaboração de situações didáticas que envolvam as problematizações estabelecidas e apresentem tais situações em sala de aula, na forma de seminários que promovam discussões, análises e sínteses de cada tema abordado, seguindo com uma análise qualitativa do processo investigativo realizado, tendo em vista uma possível reorientação da abordagem didática para os conteúdos escolares a partir da investigação realizada.

A constituição dos mais variados episódios da história escrita e reescrita da Matemática, conforme a lente epistemológica de cada pesquisador que escreve sobre essas histórias, faz emergir alguns ecos acerca da dinâmica criativa de cada Matemática historiografada, ou seja, indicativos que caracterizem os processos de criação matemática no desenvolvimento histórico da Matemática.

Assim, reitero as ponderações estabelecidas desde as partes iniciais deste capítulo, ao considerar que, quando se pretende compreender a produção de conhecimento em Matemática, deve-se mergulhar fundo nas epistemologias contidas nas histórias escritas da Matemática, ou outros campos direta ou indiretamente relacionados a esse ramo de conhecimento. Trata-se de um tipo de criação matemática que ocorre por meio de um processo histórico conceitual de fluxo contínuo, caracterizado por um *movimento sequencial histórico* (MSH) em constante expansão, que se processa de maneira descontínua (não obedece a um movimento cronológico ou espacial e, sim, desordenado, sem uma sequência organizada), que acontece de formas diferentes em lugares diferentes, com o envolvimento de grupos diferentes, que nem sempre estão estudando o mesmo problema, e principalmente da mesma maneira.

Relativamente a esse assunto, destaco alguns desses ecos, como os movimentos sequenciais históricos (MSH) relativos aos irracionais; aos problemas sobre a quadratura das curvas e seus movimentos conceituais; aos processos criativos sobre os indivisíveis de Cavalieri e a trajetória do conceito de variáveis, funções e o cálculo diferencial e integral, bem como os números complexos; a trajetória conceitual da geometria analítica antes e depois dos estudos de René Descartes; o método das fluxões de Isaac Newton e Colin Maclaurin; a composição do campo da trigonometria das cordas, semicordas, triângulos planos e esféricos; as representações algébricas em formas de escrita, em diferentes períodos históricos; as geometrias não euclidianas criadas por problematização ou apenas imaginadas, dentre outras imaginações ou criações matemáticas (Mendes, 2020).

Diante do exposto, considero que os movimentos sequenciais históricos (MSH) devem ser constituídos por uma organização lógica que supere as descontinuidades espaço-temporais configurativas da criação de cada tema matemático, como é o caso do desenvolvimento histórico-epistemológico dos números irracionais. Trata-se de exercícios de (re)escritas das histórias desse desenvolvimento conceitual para moldar esses sequenciais. A depender dos objetivos e questões a serem tratadas em sala de aula, o professor deve acrescentar, a cada sequencial, as ordenações dos programas de ensino, como uma complementação explicativa para a compreensão dos conteúdos escolares que estão previstos para cada nível escolar.

Igualmente, o MSH deve ser conectado às unidades temáticas dos livros didáticos adotados pelo professor para a construção de um modelo triplamente composto em direção a uma aprendizagem compreensiva ou relacional do assunto ao qual se objetiva a apropriação por parte do estudante. Significa, portanto, que a história da Matemática investigada (HMI) se mostra acionadora da cognição matemática em seu processo construtivo, para em seguida se estruturar como uma prática que possibilite uma reorganização cognitiva da consciência matemática do estudante, quando associada ao conhecimento matemático escolar (CME), previsto no programa de ensino.

Essa reorganização é materializada por meio de um agenciamento da cognição do estudante para correlacionar conhecimento histórico, ordenação sistemática baseada nesse programa de ensino e concretizada na abordagem matemática contida no livro didático (MLD).

Figura 1: Descritor do movimento sequencial histórico (MSH) em suas interconexões envolvendo história da Matemática, programa de ensino de Matemática e livros didáticos de Matemática

Fonte: Elaboração do autor

Conforme o descritor da Figura 1, temos uma configuração da operacionalização envolvendo o movimento sequencial histórico (MSH) em suas conexões integradas entre história da Matemática, programa de ensino de Matemática e livros didáticos de Matemática. Trata-se de um processo contínuo de integração intramatemática[14], que associa informações sobre o desenvolvimento conceitual histórico (epistemológico) da Matemática em sua inserção complementar às explicações do conteúdo programático de Matemática, que deverá estar materializado no livro didático.

Para sua utilização, o professor precisa desenvolver a habilidade de integração dialógica com as três formas de organização do conhecimento, com base em uma investigação histórica inicial, e a prática de conexão dessa história investigada, aos conteúdos escolares presentes no

---

[14] O termo intramatemática corresponde ao contexto das interconexões que envolvem conceitos, propriedades e relações estabelecias no interior da própria área de conhecimento; no caso a Matemática. Essas interconexões se desenvolveram ao longo da história do desenvolvimento da Matemática e se tornaram a base do processo de axiomatização das teorias matemáticas ao longo dos tempos.

programa de ensino e no livro didático adotado, desde que se insira cada parte do sequencial histórico em contextos adequados do plano de ensino, que precisem de esclarecimento conceitual acerca do movimento epistêmico do tema tratado. É na exploração desse movimento epistêmico, estabelecido pelo MSH, incorporado às abordagens da Matemática contidas no livro didático que os conteúdos matemáticos escolares (CME) poderão ser agenciados para o exercício cognitivo de aprendizagem compreensiva pelos estudantes, no momento de exploração da história da Matemática pelo professor, como um agente de cognição no ensino de Matemática.

2

A história como elemento unificador na Educação Matemática

Juan E. Nápoles Valdés

Compreender é cair na mínima expressa do máximo compartilhado, ou seja, no comum entre o diverso, ou seja, em certa essência, oculta ou não, num bosque de matizes (Jorge Wagensberg, 2009).

A história como elemento unificador na Educação Matemática[15]

Juan E. Nápoles Valdés

Introdução

A EPÍGRAFE mencionada na página anterior diz muito sobre o processo de compreender possibilitado pela história da Matemática para movimentar-nos em uma montanha russa que ora unifica e ora fragmenta o conhecimento que nos coloca sempre entre o comum e o diverso, num bosque de matizes que a história da matemática nos oferece para unificar o conhecimento durante o processo de educar pela Matemática.

Existe um consenso, quase unânime entre os pesquisadores em Educação Matemática, acerca da importância da perspectiva histórica e da sua fundamentação epistemológica na formação científica. Nos últimos anos, a história da Matemática vem se incorporando, sobretudo, à teoria e à prática do ensino da Matemática. Assim, se estabeleceu uma aproximação entre essas áreas do conhecimento que já foram consideradas tradicionalmente alheias entre si.

Um certo conhecimento da história da Matemática deveria se constituir em uma parte indispensável da bagagem de conhecimentos do matemático em geral e do professor de qualquer nível de ensino (primário, secundário ou superior). No caso desse último, não só com a intenção de que se possa utilizar a história da Matemática como instrumento em seu próprio ensino, como primariamente porque a história pode lhe proporcionar uma visão verdadeiramente humana da Matemática, da qual o matemático pode estar, também, muito necessitado[16].

---

[15] Este capítulo foi traduzido, do espanhol, por Iran Abreu Mendes, para fins didáticos.
[16] Nesse sentido, o leitor interessado pode consultar Nápoles V. (2012) e Dolores, García, Nápoles e Sigarreta (2016).

A visão histórica transforma meros fatos e destrezas sem alma em porções de conhecimento buscadas ansiosamente. Em muitas ocasiões, com genuína paixão, por homens de carne e osso que se alegraram imensamente quando, pela primeira vez, se depararam com elas. Quantos desses teoremas, que em nossos dias têm aparecido para os estudantes como verdades que saem da obscuridade e se dirigem para o nada, têm mudado de aspecto para nós, ao adquirir um perfeito sentido dentro da teoria, depois de havê-la estudado mais a fundo, incluído seu contexto histórico e biográfico?

A perspectiva histórica nos aproxima da Matemática como ciência humana, não endeuzada, às vezes penosamente rastejante e, em ocasiões, falível; porém, capaz também de corrigir seus erros. Nos aproxima das interessantes pessoalidades dos homens que têm ajudado a impulsioná-las ao longo de muitos séculos, por motivações muito distintas.

Do ponto de vista do conhecimento mais profundo da própria Matemática, a história nos proporciona um quadro no qual os elementos aparecem em sua verdadeira perspectiva, o que resulta em um grande enriquecimento, tanto para o matemático técnico, como para o que ensina. Se cada parte de conhecimento matemático de nossos livros-texto leva escrito o número de séculos ao qual se pudera atribuir-lhe com alguma aproximação, veríamos saltar loucamente os números, às vezes dentro da mesma página ou do mesmo parágrafo. Conjuntos, números naturais, sistemas de numeração, números racionais, reais, complexos... dezenas de séculos de distância atrás, até adiante, outra vez até atrás, vertiginosamente. Não se trata de que tenhamos que conscientizar nossos estudantes de tal circunstância. A ordem lógica não é necessariamente a ordem histórica, nem tampouco a ordem didática coincide com nenhuma das duas. Porém, o professor deveria saber como as coisas aconteceram para:

- compreender melhor as dificuldades do homem genérico, da humanidade, na elaboração das ideias matemáticas, e através delas as de seus próprios estudantes;
- entender melhor a dedução das ideias, dos motivos e variações da sinfonia matemática.
- utilizar esse saber como um organizador da sua própria pedagogia;

O conhecimento da história proporciona uma visão dinâmica da evolução da Matemática. Pode se conjecturar a motivação das ideias e desenvolvimentos iniciais[17]. Aí é de onde se podem buscar as ideias originais em toda a sua simplicidade e originalidade; todavia, com seu sentido de aventura, que muitas vezes desaparece nos textos secundários. Como disse muito acertadamente O. Toeplitz,

> Con respecto a todos los temas básicos del cálculo infinitesimal... teorema del valor medio, serie de Taylor,... nunca se suscita la cuestión ¿Por qué así precisamente? o ¿Cómo se llegó a ello? Y sin embargo todas estas cuestiones han tenido que ser en algún tiempo objetivos de una intensa búsqueda, respostas a preguntas candentes...Si volviéramos a los orígenes de estas idéias, perderían esa apariencia de muerte y de hechos disecados y volverían a tomar una vida fresca y pujante.

Tal visão dinâmica nos capacitaria para muitas tarefas interessantes em nosso trabalho educativo:

- possibilidade de extrapolação até o futuro;
- imersão criativa nas dificuldades do passado;
- comprovação do tortuoso caminho da invenção, com a percepção da ambiguidade, obscuridade, confusões iniciais à meia luz, esculpindo peças inacabadas...

Por outro lado, o conhecimento da história da Matemática e da biografia de seus criadores mais importantes nos torna plenamente conscientes do caráter profundamente histórico, ou seja, dependente do momento e das circunstâncias sociais, ambientais, prejuízos do momento... assim como dos mútuos e fortes impactos que a cultura em geral, a Filosofia, a Matemática, a Tecnologia, as diversas ciências têm exercido umas sobre as outras. Aspecto do qual os mesmos matemáticos envolvidos em seu fazer técnico não podem ser muito conscientes, pela mesma forma na qual a Matemática pode ser apresentada, como se fora imune aos deuses da história.

---

[17] Alguns exemplos nessa direção podem ser encontrados em Nápoles e Negrón (2015); Nápoles (2003) e Nápoles, González, Genes, Basabilbaso e Brundo (2004).

Infelizmente, tanto para o estudante que deseja submergir-se na investigação matemática, como para aquele que quer dedicar-se às suas aplicações ou ao ensino, a história da Matemática pode estar totalmente ausente da formação universitária em nosso país. Na minha opinião, seria extraordinariamente conveniente que as diversas matérias que ensinamos se beneficiassem da visão histórica, como dissemos anteriormente, o que a todos nossos estudantes proporcionaria, pelo menos, um breve panorama global do desenvolvimento histórico da ciência que lhes vai ocupar toda a sua vida. Enquanto isso se constitui em uma situação razoável, eu me atreveria a aconselhar:

- a leitura atenta de alguns dos numerosos e excelentes tratados de história que vão surgindo, como Boyer, Kline, Colette, Grattan-Guinness...;
- atentar para os temas de interesse particular de cada um, às fontes originais, especialmente dos clássicos;
- ler as biografias dos grandes matemáticos, ao menos na forma sucinta em que aparecem no Dictionary of Scientific Biography.

O valor do conhecimento histórico não consiste em ter um bloco de historietas e anedotas curiosas para entreter nossos estudantes a fim de fazer um alto no caminho.

A história pode e deve ser utilizada, por exemplo, para entender e fazer compreender uma ideia difícil do modo mais adequado. Quem não tiver a mínima ideia das voltas e reviravoltas que o pensamento matemático percorreu até dar, por exemplo, com a noção rigorosamente formalizada do número complexo, se sentirá, talvez, satisfeito em introduzir, em seu ensino, os números complexos como "o conjunto dos pares de números reais entre os quais se estabelecem as seguintes operações...". Quem souber que nem Euler nem Gauss, sendo quem eles eram, chegaram a dar esse rigor aos números complexos e que, apesar disso, puderam fazer coisas maravilhosas relacionadas com eles; se perguntará muito seriamente acerca da conveniência de introduzir os complexos na estrutura cristalizada antinatural e de difícil aceitação, que somente depois de vários séculos de trabalho chegaram a ter.

Os diferentes métodos do pensamento matemático, tais como a indução; o pensamento algébrico; a geometria analítica; o cálculo infinitesimal; a topologia; a probabilidade, entre outros, surgiram em circunstâncias históricas muito interessantes e muito peculiares, frequentemente na mente de pensadores muito singulares, cujo mérito é muito útil ressaltar, não apenas por justiça, mas por exemplo.

A história deveria ser um potente auxiliar para objetivos, tais como:

- Enfatizar a forma peculiar de aparecimento das ideias em Matemática;
- demarcar temporalmente e espacialmente as grandes ideias, problemas, junto com sua motivação, precedentes...;
- assinalar os problemas abertos.

O que no fundo se persegue com a história é transmitir, de uma maneira mais sistemática possível, os processos de pensamento eficazes na resolução de verdadeiros problemas e não cair nos erros em que caem os matemáticos, professores ou não, que padecem de uma formação histórica, entre outros:

- Visão linear e acumulativa do desenvolvimento da Matemática, que ignora as crises e reformulações profundas das teorias e conceitos.
- Visão a-problemática e a-histórica, que transmite conhecimentos já elaborados como fatos assumidos sem mostrar os problemas que geraram sua construção.
- Visão individualista, o conhecimento matemático aparece como obra de gênios alienados, ignorando o papel do trabalho coletivo de gerações e de grupos de matemáticos.
- Visão elitista, que esconde a significação dos conhecimentos atrás do aparato matemático e apresenta o trabalho científico como um domínio reservado às minorias, especialmente dotadas.
- Visão descontextualizada socialmente neutra, alijada dos problemas do mundo e ignorando suas complexas interações com as outras ciências, a técnica e a sociedade. Proporciona uma imagem dos matemáticos fechados em ambientes e alheios à necessária tomada de decisão.

Por outro lado, devemos deixar claro que entenderemos por Educação Matemática aquela disciplina em formação, que está relacionada com os problemas que surgem no ensino da Matemática (sem distinção de níveis) e a investigação de diversos problemas didáticos vinculados com esta, com a formação e captação de estudantes talentosos e na qual a história da Matemática exerce um papel destacado, coisa que nos propomos a mostrar mais adiante (ver Vasco, 1994).

Um dos fundamentos da atual reforma do ensino da Matemática é o conceito que diz respeito à natureza do conhecimento matemático. A perspectiva histórica nos permite mostrar, entre outras coisas, que a Matemática é um conjunto de conhecimentos em evolução contínua e que essa evolução desempenha, amiúde, um papel de primeira ordem, sua inter-relação com outros conhecimentos e a necessidade de resolver determinados problemas práticos. Outra consideração importante deriva do uso, no processo histórico de construção dos conhecimentos matemáticos, do raciocínio empírico-dedutivo em grau não menor que o raciocínio dedutivo.

Tudo o que mencionamos anteriormente pode ser reafirmado pelo fato de que o desenvolvimento da Matemática é seguido de um processo heurístico – demonstrado historicamente (ver Farfán e Hitt, s/d) –, contrário aos defensores do pensamento dedutivista que defendem a premissa de que a dedução é o padrão heurístico da Matemática e que a lógica do descobrimento é a dedução, tal como se a maioria dos conceitos fosse desenvolvido por um matemático isolado. O problema principal, na Educação Matemática é que esses modelos ou metodologias não se têm levado – salvo em poucos casos – ao campo do ensino da Matemática, sendo eles de prioridades primordiais.

Parece difícil negar o fato de que as diversas interpretações epistemológicas acerca do *status* científico das matemáticas têm uma influência decisiva na consideração de sua história e seu ensino. Para mostrar somente um exemplo bastante recente, que gera dúvida, citamos a consideração bourbakista dessa ciência, sintetizada no artigo publicado por um grupo autodenominado Nicolás Bourbaki, sobre a "Estrutura da Matemática" (Bourbaki, 1962). Eles determinaram sua visão da história da Matemática, assim como sua concepção do que é e como ensiná-la, manifesta na década de 1960, sob a denominação de "Matemática Moderna" ou a "Nova Matemática". O *slogan* emplacou Jean Dieudonné, talvez o bourbakista mais ousado na hora de assumir e defender seus peculiares posicionamentos pedagógicos, amparando-se, inclusive, nas proposições cognitivas de Jean Piaget. Como motivo do colóquio de Royaumont realizado em 1959, manifestou essa inter-relação entre a Matemática, sua história e seu ensino. Seu *Abaixo Euclides!* está plenamente justificado em função de seus pressupostos históricos, recolhidos em seu Dieudonné (1972).

Nesses momentos, tem-se tomado as fortes posições de historiadores da Matemática que defendem, entre outras, as seguintes teses (Arrieta, 1997):

> 1.- En la mayor parte de las historias de las matemáticas conocidas podemos comprobar que se oculta o no se fundamenta en absoluto la concepción epistemológica que se tiene de dicha disciplina. ¿Qué se entiende por matemáticas?, ¿qué se entiende por ciencia o ciencias?, ¿y por abstracción? Estas preguntas, desgraciadamente, no se suelen responder con el más mínimo rigor en los libros publicados al respecto, por lo que muchas de las afirmaciones que contienen se deben asumir como dogmas de fé, sin posibilidad de discussão y, en su caso, de refutación.
>
> 2.- Los textos de historia de las matemáticas se han escrito con un marcado sesgo eurocéntrico, ignorando, devaluando y distorsionando la actividad matemática realizada al margen del continente europeo. Parece ser que únicamente los habitantes del mismo han sido capaces de aportar algo a la "reina de las ciencias", al espíritu humano creador capaz de construirla y desarrollarla con racionalidad y rigor.
>
> 3.- La Educación Matemática, su enseño, al no fundamentarse en una adecuada epistemología e historia de la misma, no favorece la concreción de una educación Intercultural, más necesaria que nunca en esta llamada Aldea Global."

Talvez, no segundo tema, a obra mais sólida é a apresentada por seu autor, o sírio-hindu-etíope-inglês Georges Gheverghese Joseph. Trata-se de uma obra sob o sugestivo título de "A crista do pavão real: as matemáticas e suas raízes não europeias" (Gheverghese, 1996). Apresenta uma crítica demolidora, que abunda em defesa da segunda tese. Como afirma este autor:

> Las matemáticas han desenvolvido un lenguaje universal con una clase particular de estructura lógica. Contienen un cuerpo de conocimientos relacionado con el número y el espacio, y prescriben un conjunto de métodos para alcanzar ciertas conclusiones acerca del mundo físico - y para la resolução de infinidad de problemas, diríamos nosotros -. Y es una actividad intelectual que exige intuición e imaginación para deducir demostraciones y alcanzar conclusiones. Con frecuencia recompensa a las mentes creativas con un fuerte sentido de satisfacción estética (Gheverghese, 1996, p.26).

Nesse sentido, cabe, talvez, acrescentar o seguinte, como objetivos a transmitir com a utilização de recursos históricos na Educação Matemática:

1. Uma concepção dinâmica da Matemática, apoiada na célebre frase de Philip E. Jourdain, na introdução de seu comentado "A natureza da Matemática", quando, ao declarar o objetivo central do referido livro apontava: *"Espero que conseguiré mostrar que el proceso del descubrimiento matemático es algo vivo y en desenvolvimiento"*.

2. Que se deve aceitar o significado dos objetos matemáticos em seu triplo significado: institucional, pessoal e temporal (Díaz e Batanero, 1994) e para algumas observações (Nápoles, 1997b).

3. A distinção que deve estabelecer-se entre uma argumentação, uma prova e uma demonstração e a necessária dosagem delas no currículo escolar e seu rigor, assim como as discussões em torno das concepções clássicas sobre essa última (Arbelaez, 1995; de Gortari, 1983; Finochiaro, 1980; Gil, 1990; Glamour, 1992; Nápoles, 1998; Sánchez, 1994; Scriven, 1987; Serrano, 1991; Vega, 1990a, 1990b, 1992a, 1992b, 1993, 1994a, 1994b, 1995 e 1996; Weinstein, 1990; entre outros).

O conceito de uma prova, não só como uma verificação formal de um resultado, assim como um argumento convincente, como um meio de comunicação, tem adquirido maior importância ultimamente, sobretudo, vinculado a certos problemas de Educação Matemática. Assim, se preferem, em ocasiões, provas que expliquem em vez de provas que só "provem". Tanto as provas que provam como as provas que explicam são válidas. Têm adquirido relevância nos últimos tempos, inclusive, as chamadas "provas sem palavras", de onde as representações geométricas julgariam o papel das explicações necessárias. Uma pequena amostra está em Cupillari (1989); Flores (1993); Nelsen (1990); Schrage (1992), Wu (1989) e Zerger (1990).

Todavia, está claro, mas nem sempre compreendido, que o objeto matemático considerado para o ensino ou a aprendizagem é estruturalmente (mas não qualitativamente) o mesmo que em Matemática, embora a maioria dos matemáticos creiam que a Educação Matemática só está afetada por problemas do tipo: como transmitir os fatos matemáticos importantes aos estudantes? De fato, nós adotamos a noção de significado dos objetos matemáticos em um triplo condicionamento: institucional, pessoal e temporal (Díaz e Batanero, 1994), o que nos leva a considerar o enfoque socioantropológico de como se produz e em que consiste o conhecimento matemático, que se inclui no campo mais amplo da Etnomatemática (ver, por exemplo, Oliveras, 1996 e Gerdes, 1991). Partindo do fato de que não há acordo universal sobre o que constitui um "bom ensino de Matemática", aceitamos que o que cada qual considera como formas desejáveis de ensino e aprendizagem da Matemática está influenciado por suas concepções sobre a Matemática. É pouco provável que os desacordos sobre o que constitui um bom ensino da Matemática possa ser resultado sem dirigir-se a importantes assuntos sobre a natureza da Matemática. Por outro lado, existem modelos didáticos dirigidos a quais mudanças deve 'sofrer' o conhecimento matemático para ser adaptado como objeto de ensino. Um desses modelos é o de "Transposição Didática" (Chevallard, 1985), que se manifesta, como já dissemos, na diferença existente entre o funcionamento acadêmico de um determinado conhecimento e seu funcionamento didático. No apêndice deste capítulo há uma representação esquemática da transposição didática realizada em nosso trabalho, que se manifesta, como já dissemos, na diferença existente entre o funcionamento acadêmico de um determinado conhecimento e o seu funcionamento didático.

Assim como tem crescido o interesse pela história da Matemática em relação ao seu ensino, nos últimos anos, também se tem incrementado a busca de relações entre a Matemática e sua história como ferramenta didática e como campo de investigação. Como exemplo disso, podemos mencionar que a Comissão Internacional de Instrução Matemática (ICMI) incluiu esse tema na agenda do International Congress in Mathematics Education (ICME) realizado no Japão (2000). O documento de discussão preliminar ao congresso considerou algumas questões, tais como:

- Nível do sistema educativo no qual a história da Matemática adquire relevância como ferramenta de ensino;
- Consequências da utilização da história para a organização e a prática da classe;
- Utilidade da história da Matemática para os investigadores em Educação Matemática;
- Incorporação da história da Matemática no currículo;
- O ensino da Matemática pode realizar-se de diferentes perspectivas: heurística, lógica e através do enfoque histórico.

O enfoque histórico é uma proposta metodológica que atua como motivação para o estudante já que, através dele, descobrirá a gênese dos conceitos e métodos que aprenderá na sala de aula. Em outras palavras, permitirá deixar patente a origem das ideias matemáticas.

Em nossas aulas, é significativo o número de estudantes que mostram indiferença e até 'rejeitam' a aprendizagem da Matemática, o que se traduz em um considerável índice de fracasso. Se queremos estabelecer um laço entre nossos estudantes, a época e o personagem relacionado com os conceitos estudados; se os estudantes conheceram a evolução dos conceitos aprendidos em classe; se conheceram as motivações e as dúvidas que os sábios experimentaram, daí, então, talvez poderiam compreender como foi descoberto e justificado um problema, um corpo conceitual etc.

Não se trata de que a ordem lógica deva respeitar estritamente a ordem histórica, nem tampouco a ordem didática necessariamente deve coincidir com as demais. O que se deve ressaltar é que é necessário manter um sentido de proporção ao utilizar esse enfoque. Por exemplo, se ao combinar o enfoque histórico com o heurístico, as ideias fundamentais não são claras e, portanto, o estudante não as tem incorporado ao seu acervo de conhecimentos, conhecer sua evolução não o ajudará na solução de problemas. Relacionar um nome e uma data com uma ideia, conceitos ou procedimentos não é suficiente.

Uma linha de investigação que não tem sido completamente desenvolvida é a busca de elementos históricos como recurso pedagógico, que aproveite nossos conhecimentos acerca de obstáculos didáticos, epistemológicos, ontogênicos e de problemas relacionados com o processo de ensino-aprendizagem, entre os quais está a influência das crenças e concepções dos professores em seu trabalho docente (Batanero et al (1994); Thompson (1984 e1992); Ernest (1989, 1992, 1994a e 1994b); M. P. Flores (1993, 1995), entre outros).

Devemos deixar bem claro que não afirmamos que esse é o único, ou melhor, dos métodos a utilizar. É uma alternativa de trabalho que tem mostrado sua utilidade em múltiplas situações (ver a modo de ilustração, Arboleda e Recalde (1995); Arzarello (1994); Bartolini Bussi e Pergola (1994); Cruz (1995); De Guzmán (1992); Díaz et al (1991); Díaz e Batanero (1994); Estepa e Sánchez (1994); Farfán e Hitt (s/d); Gonzáles (1994); Hitt (1978); Laubenbacher e Pengelley (1992, 1996); Laubenbacher et al (1994); Lerman (1996); Maza (1996); Moreno (1993); Nápoles (1997a, 1998); Pérez (1998); Puig (1994); Recalde (1994); Speranza (1994); Speranza e Grugnetti (1996), e Vasco (1994).

A resolução de problemas e o descobrimento por analogias[18]

Jacques Bernoulli descobriu a soma de várias séries infinitas; porém, fracassou com a da soma dos recíprocos dos quadrados:

$$1 + \frac{1}{4} + \frac{1}{9} + \frac{1}{25} + \cdots$$

e escreveu: *"Si alguém encontra lo que hasta agora no han logrado nuestros esfuerzos y nos lo comunica, le estaremos muy agradecidos por ello".*

O problema interessou a Euler, que depois de várias tentativas encontrou o valor exato por casualidade, a analogia lhe havia conduzido a uma conjectura. Primeiramente, devemos dizer que Euler, antes de conjecturar qual poderia ser a soma e prová-la, tentou obter uma boa

---

[18] Perguntas adicionais relacionadas à resolução de problemas em certos contextos podem ser consultadas em Nápoles (2020).

aproximação calculando somas parciais, o qual é muito vantajoso se levarmos em conta a lenta convergência desta série.

Indubitavelmente, as ciências matemáticas, assim como o exercício de seu ensino, sempre tiveram como principal meio e fim os problemas matemáticos. P. Halmos (1980) não pode ser mais eloquente a respeito, quando afirma que os problemas são *o coração da Matemática*. A resolução de problemas estimula a organização de recursos cognitivos não semelhantes por parte do resolvedor. Para Halmos, resolver um problema deve servir não só de um simples treinamento intelectual, mas também de um são e agradável entretenimento. Por acaso, sucede assim com qualquer problema?

Realmente, o próprio conceito de problema já é, por assim dizê-lo, um *nudo gordiano*. Antes de manipular alguns termos (problema, exercício, resolver um problema etc.), realizaremos uma breve discussão sobre a concepção que temos sobre eles. Com relativa frequência, os docentes se debatem acerca dos termos exercício e problema. Às vezes, tanto a rapidez com que identificamos ambos indistintamente, evidencia o mesmo conceito. Para evitar confusões, queremos deixar claro o que entendemos em cada caso, assumindo as caracterizações e classificações mais plausíveis no contexto da didática específica da Matemática.

O trabalho com exercícios não só constitui o meio fundamental para a realização dos objetivos do ensino da Matemática, mas também o instrumento adequado para a medição do rendimento dos estudantes. H. Müller (1987) propõe que o êxito do ensino da Matemática depende essencialmente de quais exercícios se apresentam, em que sucessão e com que função didática, e como o professor dirige seu processo de resolução. Segundo vários autores, um exercício é uma exigência que propicia a realização de ações, solução de situações, dedução de relações, cálculo etc. (Ballester et al, 1992).

De cada ação deve precisar-se o objetivo, que nos moverá a transformar uma situação inicial (premissa) em outra final (tese); o conteúdo, que compreende os tipos de ações (identificar, comparar, classificar, fundamentar etc) e, por outro lado, o objeto das ações (conceitos, proposições, procedimentos algorítmicos), a correspondência entre situações extra matemáticas e matemáticas, os procedimentos heurísticos (princípios, estratégias, regras) e os meios heurísticos auxiliares. Também é necessário precisar as condições para as ações, ou seja, valorar o grau de dificuldade que o exercício apresenta ao estudante.

Em (Borasi, 1986), se denomina exercícios aquelas tarefas que pretendem desenvolver algum tipo de algoritmo. Quando se trata de um texto formulado com precisão, donde aparecem todos os dados necessários para obter a solução, então a tarefa se denomina "Word-Problem". Quando o contexto descobre o potencial recreativo da Matemática, obrigando o resolvedor a ser flexível e considerar várias perspectivas, a tarefa se denomina "Problema Puzzle". Nesse último caso, a formulação pode ser enganosa, e a solução não tem, necessariamente, que supor processos matemáticos. Outra tarefa que essa autora considera é a "Prova de Conjecturas", referindo-se, por exemplo, à demonstração de um teorema ou de certa propriedade matemática. Também fala de "Problemas da Vida Real", que supõem três processos básicos: a criação de um modelo matemático da situação, a aplicação de técnicas matemáticas ao modelo, e a tradução da situação real para analisar sua validade. Borasi também destaca as "Situações Problemáticas", nas quais o sujeito se vê diante de um novo resultado matemático sem dispor de toda a informação necessária. Nas situações problemáticas, a formulação é regularmente vaga, posto que trata-se de estabelecer novas conjecturas. Os métodos de aproximação podem ser diversos e a exploração do contexto, assim como as sucessivas formulações do problema, são fundamentais. Por último, Borasi considera aquelas tarefas que facilitam a formulação de conjecturas por parte do estudante, que são as "Situações".

Como podemos observar, a classificação apresentada por Borasi (1986) não só é interessante, como também cobre uma falha de exercícios matemáticos. Sem dúvida, queremos fazer algumas observações. Em primeiro lugar, não está muito clara a base para a divisão do conceito, mesmo quando sabemos que, nesses casos, pode ser pouco precisa. Assim, por exemplo, podemos encontrar um sem número de "Word-Problems" cujo propósito fundamental consiste em desenvolver algum tipo de algoritmo, ou em cuja formulação é difícil de interpretar a causa da complexidade semântica, chegando a ser um "puzzle"; e mais ainda, caso um "Word-Problem" não possa ser um problema da vida real? Em segundo lugar, não está clara a diferença entre exercícios e problemas. Parece que os mais abundantes no ensino da Matemática são os segundos e, certamente, não é assim. Não podemos negar a validade dos exercícios destinados a estimular a identificação e fixação dos conceitos, nem tampouco os que estimulam o desenvolvimento de certas habilidades.

W. Jungk (1986) elaborou uma classificação dos exercícios tomando como base o grau de abstração no reflexo dos elementos e relações, assim como o tipo de reflexo que se realiza. Como superconceito, esse autor elegeu o de exercícios matemáticos apresentados aos estudantes, subdividindo em dois conceitos subordinados: exercícios de aplicação (têm sua origem na prática) e exercícios construídos (aqueles que se concebem com fins didáticos; ou seja, para exercitar, aprofundar, aplicar, assegurar as condições prévias, entre outras). Os exercícios construídos sofrem, por sua vez, outra divisão. Por um lado, aparecem os exercícios formais, donde os "chunks" de Miller (1956) aparecem declarados; ou seja, ao entrar em contato com eles, o estudante identifica imediatamente o tipo de exercício (uma equação, um sistema etc.). Por outro lado, aparecem os exercícios com textos conformados por aqueles cujo texto é puramente matemático ou bem se relaciona com a prática.

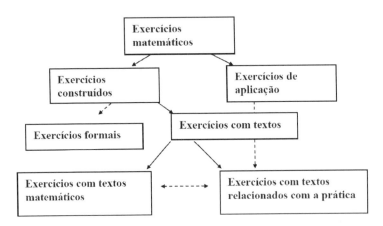

Com relação à sua classificação, o próprio Jungk (1986) assinala que as fronteiras existentes entre os distintos grupos são móveis. Por exemplo, tanto nos exercícios com textos relacionados com a prática, como nos de aplicação, o exercício matemático não desempenha o papel de primeiro plano. Por sua parte, os exercícios com textos matemáticos e os de textos relacionados com a prática não são conceitos completamente disjuntos, posto que também são simulações, visto que os primeiros podem ser "formas preliminares" dos segundos. Além disso, em ambos os casos deve ser analisado, inicialmente, o texto para achar o modelo matemático (cf. Jungk, 1986, p. 109-110), e considerar as linhas descontínuas na figura anterior).

É notável que alguns autores tenham efetuado interessantes classificações, que nos conduzem à diferenciação dos exercícios, atendendo ao domínio matemático ao qual pertencem. Assim, por exemplo, F. González fala de "exercícios geométricos" (González, 1997, p. 20). N. Malara e I. Gherpelli falam de exercícios aritméticos de argumentação, inclusive os classificam em exercícios de raciocínio condicional; de refutação de conjecturas; de análise crítica de fórmulas que expressam o procedimento de solução de um problema; exercícios para a análise crítica de equações, e também de situações preparatórias para a demonstração (Malara e Gherpelli, 1997, p. 88). Por sua vez, L. Campistrous e C. Rizo (ver Campistrous e Rizo, 1996, p. 20-28), ao tratarem dos exercícios para o desenvolvimento da habilidade para construir esquemas, consideram quatro fundamentalmente: as situações e problemas sem dados numéricos que requerem a elaboração de um esquema; os que a determinada formulação se fazem corresponder a vários esquemas; os que exigem a elaboração de exercícios a partir de esquemas dados, e os que conduzem a transformação de esquemas.

Partindo do conceito de exercício, podemos caracterizar os que verdadeiramente são considerados problemas. Segundo Labarrere (1996), alguns autores caracterizam o conceito de problema em termos de contradição, que deve ser resultado de dificuldade e busca de informação, de transformação de situações etc. É notável que, já no século XVII, o genial matemático e filósofo francês René Descartes, na regra 12 de suas "Regras para a direção do espírito", afirmava:

> Yo no supongo más que los datos y un problema. Sólo en esto imitamos a los dialécticos: así como para enseñar las formas de los silogismos ellos suponen conocidos sus términos o materia, de la misma manera nosotros exigimos previamente que el problema sea previamente comprendido. Pero no distinguimos, como ellos, dos extremos y un medio, sino que consideramos el problema entero así:

> 1°, en todo problema debe haber algo desconocido, pues de lo contrario no habría problema; 2°, ese algo debe estar designado de alguna manera, pues de otro modo no habría razón para investigar ese algo y no otra cosa; 3°, ese algo no puede estar designado sino por algo conocido.

De nossa parte, não coincidimos com Jungk (1986, p. 110) em assumir os exercícios com textos e os de aplicação como problemas. Cremos que "um problema é uma situação que difere de um exercício em que o resolvedor de problemas não tem um processo algorítmico que lhe conduzirá, com certeza, à solução" (ver Jungk, 1986). Dois anos mais tarde, House et al (1983) se expressavam assim:

> La definición común de problema matemático es una situación que supone una meta para ser alcanzada, existen obstáculos para alcanzar ese objetivo, requiere deliberación, y se parte del conocimiento del algoritmo útil para resolver el problema. La situación es usualmente cuantitativa o requiere técnicas matemáticas para su solución, y debe ser aceptado como problema por alguien antes de que pueda ser llamado problema" (p. 10).

Também Labarrere (1996, p. 6) assinala que "um problema é determinada situação na qual existem nexos, relações, qualidades de e entre os objetos que não são acessíveis direta e indiretamente à pessoa; (...) é toda relação na qual há algo oculto para o sujeito, que se esforça por encontrar". Concretamente, para que uma situação se denomine problema é necessário que:

a) exista uma pessoa que deseja resolvê-la (resolvedor);
b) exista um estado inicial e um estado final (meta a alcançar);
c) e que exista algum tipo de impedimento para a mudança de um estado para outro.

Com essa descrição, compreendemos que o aprendizado adquirido como resultado de um problema, por um sujeito, pode não ser o mesmo para outro. Cada problema constitui uma linha que se desconhece tanto a via de solução como o tempo que demorará em solucioná-lo. Não obstante, é necessário confiar que a inteligência e as habilidades que se possui sejam adequadas e suficientes para abordá-lo. É absurdo admitir que se possa partir do zero. Segundo Schoenfeld (1992), o resolvedor conta com recursos cognitivos que irá mostrando ao trabalhar com o problema, como a intuição (conhecimento informal relacionado com o domínio); os fatos; os procedimentos algorítmicos e não algorítmicos, assim como as compreensões (conhecimento proposicional) acerca das regras admitidas no domínio.

Resolver um problema consiste no processo de ataque, na sua abordagem por parte do sujeito. Nós, mesmo quando o resolvedor não disponha da ideia de solução, entendemos que ele esteja envolvido em achar a resposta, se encontra resolvendo o problema. Assim, parafraseiam V. Brenes e M. Murillo (1994, p. 377), quando afirmam que "se entenderá que resolver um problema é fazer o que se faz quando não se sabe o que fazer, pois se sabemos o que há que fazer, já não há problema".

Polya, por seu lado, afirmava que "resolver um problema é encontrar um caminho ali onde não se conhecia previamente caminho algum; encontrar a forma de escolher um obstáculo, conseguir o fim desejado, que não é alcançável de forma imediata, utilizando os meios adequados" (Polya, 1980, p. 1). Resolver problemas é uma atividade humana fundamental. De fato, o pensamento humano trabalha a maior parte do tempo sobre problemas. "Quando não deixamos a mente a seu livre arbítrio, quando não a deixamos sonhar, nosso pensamento tende a um fim; buscamos meios, buscamos resolver um problema" (Polya, 1965, p. 187).

Segundo Bertoglia (1990, p. 111-113), atualmente está em voga considerar, basicamente, dois tipos de problemas: os problemas fechados e os problemas abertos. Nos primeiros, a solução se deduz de forma lógica a partir da informação que aparece no enunciado do problema, e que é suficiente para encontrar a resposta correta. O resolvedor dispõe de toda a informação; só necessita integrá-la aplicando os recursos da lógica. Por isso, podem chamar-se "problemas de inferência lógica". Acrescentamos um exemplo proporcionado por Collins e Quilliam (1969). Para otimizar o procedimento de sua solução convém utilizar tanto a implicação mencionada, como o seu contra-recíproco.

Eis a seguir quatro cartas: cada uma delas tem uma letra em uma de suas faces e um número na outra.

Indicar aquelas cartas, e somente aquelas, que devem ser viradas para comprovar se é verdadeira ou falsa a seguinte regra: "Se uma carta tem uma face com uma letra vogal, então sempre tem na outra face um número par".

Por sua parte, nos problemas abertos, o resolvedor necessita ir mais além da informação recebida, utilizando-a de maneira distinta e/ou modificando os significados atribuídos aos elementos do exercício. Agora, os recursos lógicos se tornam insuficientes e é preciso criatividade. Os problemas abertos se aproximam muito do que sucede na vida real. Há que fazer considerações para a resposta, pois não se dá toda a informação necessária. Por esse motivo, podem denominar-se "problemas sem os dados necessários" (Campistrous e Rizo, 1996, p. 92). Um exemplo é o caso de uma pessoa que deve descobrir um procedimento que lhe permita distribuir entre três pessoas, de forma equitativa, as duas casas que recebeu como herança. É justo, de antemão, que nos perguntemos: Existem problemas abertos em Matemática? Campistrous e Rizo apontam um exemplo muito simples.

Se quisermos construir um tanque de água com uma capacidade de 8000 litros, que dimensões deve ter o tanque? Evidentemente, existem condições que não estão dadas, por exemplo:

1. A forma do tanque, que pode ser ortoédrica, cilíndrica, cônica etc.; e em cada caso as dimensões estão, entre si, em uma proporção diferente;
2. A quantidade de material disponível, já que se gasta mais ou menos, em função da forma e dimensões escolhidas (Campistrous e Rizo, 1996, p. 92-93).

A classificação de problemas em abertos e fechados não é a única. Por exemplo, Polya (1965) trata com regular insistência dois tipos: os "problemas por resolver" e os "problemas por demonstrar". O paralelo estabelecido ilustra como o propósito dos primeiros é descobrir certa incógnita. Os problemas por resolver podem ser teóricos ou práticos, abstratos ou concretos, sérios ou simples assertivas; e seus elementos principais são a incógnita, os dados e a condição. O propósito dos problemas por demonstrar consiste em provar, de maneira concluinte, a exatidão ou falsidade de uma afirmação. Seus elementos principais são a hipótese e a conclusão. Nós consideramos a "classificação" apresentada por esse autor como uma especificação da habilidade que, principalmente, se quer medir. Sem dúvida, é justo assinalar que não se deve descuidar do desenvolvimento de outras habilidades.

Aqueles exercícios que não sejam problemas, os denominaremos, seguindo Polya, como "rotineiros". Assim, por exemplo, podemos falar de exercícios rotineiros com textos ou de problemas com textos. Além disso, ao demonstrar uma equivalência, talvez nos deparemos com um problema formal em um sentido e com um exercício rotineiro formal no outro.

Depois de haver respondido às interrogações: toda tarefa é um problema? Em que consiste resolver um problema?, acrescentaremos uma terceira: todo problema tem solução?. Esse é, na nossa opinião, um tema bastante complicado e que sobressai da intenção deste capítulo. O destacado matemático alemão D. Hilbert, no II Congresso Internacional de Matemática de Paris, afirmava em seu discurso em 8 de agosto de 1900:

> Esta capacidad de resolver cualquier problema matemático es un fuerte incentivo para nuestro trabajo. Oímos resonar siempre en nuestros oídos el siguiente llamamiento: este es el problema, busca su solução. La puedes encontrar con el pensamiento puro, ya que en Matemática no existe el ignorabimus.

Assim pensava o máximo expoente do formalismo, pensamento que se refletiu sempre em toda a sua obra, e ainda no Congresso Internacional de Bolônia, em 3 de setembro de 1928, todavia assinalava:

> La teoría de la demonstração (...) nos proporciona el sentido profundo de la convicción de que a la inteligencia matemática no se le ponen fronteras y de que es capaz de escudriñar hasta las leyes del propio pensar. Cantor ha dicho: la esencia de la Matemática consiste en su libertad, y yo añado gustoso para los buscadores de dudas y los espíritus mezquinos: en la Matemática no existe el ignorabimus... (Hilbert, 1900).

Se confiamos plenamente nessa tese de Hilbert, poderíamos supor que qualquer problema que nós apresentamos deve ter, sem discussão, alguma resposta. Polya, ao contrário, afirmava que

> partiendo del problema que se nos propone encontraremos otro (...); después partiendo de estos nuevos problemas, encontraremos otros, y así sucesivamente. El proceso es ilimitado en teoría, pero en la práctica no llegaremos muy lejos ya que los problemas que se obtengan corren el riesgo de ser insolubles". (Polya, 1965, p. 171).

E acaso existem problemas aos quais nunca poderemos dar resposta?

A essa pergunta respondia afirmativamente L. E. J. Brouwer. Ele pretendia "demonstrar" a inconsistência dos raciocínios baseados na abstração do infinito atual, mediante um exemplo relativo ao desenvolvimento decimal do número π. Ele afirmava que era impossível decidir se, nesse desenvolvimento, apareciam dez *novenas* seguidas. Com suas ideias radicais, Brouwer estava dando aos matemáticos a lei do terceiro excluído. Isso era, nas palavras de Hilbert, *"lo mismo que arrebatar el telescopio a los astrónomos..."*. Sem dúvida, tais ideias exerceram uma sensível influência em A. Márkov, cientista russo e criador da lógica construtiva. Hoje em dia, as teses de Brouwer começam a atrair cada vez mais a atenção dos matemáticos práticos e dos criadores de computadores de novas gerações, assentados sobre princípios distintos da arquitetura tradicional e, por conseguinte, de uma lógica distinta da binária.

Tudo o que dissemos anteriormente nos permite analisar como existem problemas fechados, tal como apresentamos no início da seção, que podem ser resolvidos por via indutiva. Outrossim, destacaremos o papel da história da Matemática na busca de princípios heurísticos úteis na resolução de problemas.

Para isso, vejamos o que disse Euler. Antes de tudo, façamos uma pontuação: se uma equação algébrica tem como termo constante a unidade, então o coeficiente da potência de primeiro grau é a soma com sinal contrário dos recíprocos das soluções. Consideremos agora a equação **sen x = 0**. Por Taylor, tem-se que:

$$x - \frac{x^3}{3!} + \frac{x^5}{5!} - \frac{x^7}{7!} + \cdots = 0.$$

Como o membro esquerdo tem infinitos termos, ou seja, é de "*grau infinito*", não é estranho, diz Euler, que haja uma infinidade de raízes: $\mathbf{0}, \pi, -\pi, 2\pi, -2\pi, 3\pi, \ldots$ pois Senx se anula em todos os múltiplos inteiros de π. Euler descarta a raiz zero e divide o membro esquerdo por x (o fator linear correspondente à raiz zero) e obtém:

$$1 - \frac{x^2}{2.3} + \frac{x^4}{2.3.4.5} - \frac{x^6}{2.3.4.5.6.7} + \cdots = \mathbf{0},$$

com raízes $\pi, -\pi, 2\pi, -2\pi, \ldots$ Fazendo a substituição $x^2 = u$ teremos:

$$1 - \frac{u}{3!} + \frac{u2}{5!} - \frac{u3}{7!} + \cdots = \mathbf{0}.$$

Porém, Euler já havia discutido nessa equação (finita) a decomposição em fatores lineares. Assim conclui, utilizando o que pontuamos antes, que:

$$\frac{\text{sen } x}{x} = 1 - \frac{x^2}{2.3} + \frac{x^4}{2.3.4.5} - \frac{x^6}{2.3.4.5.6.7} + \ldots$$

$$= (1 - \frac{x^2}{\pi^2})(1 - \frac{x^2}{4\pi^2})(1 - \frac{x^2}{9\pi^2})\ldots,$$

de onde tem-se:

$$\frac{1}{2.3} = (\frac{1}{\pi^2} + \frac{1}{4\pi^2} + \frac{1'}{9\pi^2} +)\ldots,$$

pelo que:

$$\frac{\pi^2}{6} = 1 + \frac{1}{4} + \frac{1}{9} + \cdots$$

Isso significa que a soma dos recíprocos dos quadrados é igual a $\pi^2/6$. Esse e outros exemplos apontados por Euler não permitem duvidar da validade do método por analogia e dos resultados derivados por ele. Sem dúvida, na lógica estrita, o método seguido por Euler foi uma falácia indevida: aplicou una regra a um caso para o qual ela não estava formalizada, uma regra para equações algébricas aplicada a uma equação que não é algébrica. Logicamente, o passo de Euler não estava justificado. Sem dúvida, há analogia ou justificativa; analogia esta que tem em seu alcance os melhores ganhos de uma ciência em crescimento à qual ele mesmo chamou "Análise do Infinito".

As razões de Euler para confiar em seu descobrimento não são demonstrativas. Euler não reexamina os fundamentos de sua conjectura. Ele examina só as consequências e nega a verificação deles como argumentos em prol de sua conjectura. Pode-se dizer que era um método rude e falacioso; porém, enriqueceu a Matemática de modo considerável.

Essas razões são, de fato, indutivas. Essa metodologia foi chamada por alguns matemáticos posteriores como *"indução euleriana"*, sendo não poucos os que usaram esse método, intimamente relacionado com a analogia, indução e não contradição com fatos matemáticos conhecidos.

O impulso que essa metodologia deu à Matemática foi, como já dissemos, grande. Porém, a levou, também, a contradições das quais não era fácil encontrar a saída. O método não satisfaz nenhum dos critérios de rigor que exigimos hoje e, sem dúvida, suas conclusões são corretas. Talvez o melhor exemplo disso seja o trabalho de Fourier sobre a Teoria do Calor. O conhecido Método de Fourier ou de separação de variáveis, tão usado nas Equações Diferenciais, é o resultado de uma extrapolação ao caso infinito do Método de Eliminações Sucessivas (coeficientes indeterminados) para um caso finito. Abel, utilizando a série

$$sen\phi - \frac{sen^2\phi}{2} + \frac{sen^3\phi}{3} - \cdots$$

como contraexemplo, situa o verdadeiro problema em determinar a região de validade de muitos teoremas incorretamente propostos. Devemos renunciar à indução na solução de problemas matemáticos? A história mostra a efetivação desse método de trabalho em algumas situações, quando extrapolamos corretamente um método determinado. O fundamental, como o assinalou Abel, está na boa elaboração ou proposição de um problema no que se refere à sua região de validade.

Além disso, essa situação se ajusta às correntes psicológicas atuais em Educação Matemática, que destacam a importância que tem *a participação ativa do estudante*, no processo de ensino-aprendizagem. A tendência construtivista, da qual somos favoráveis, considera que o papel do professor no ensino é encontrar e ajustar atividades para os estudantes, de maneira que se facilite a construção do conhecimento por eles. A perspectiva cognitiva considera que a aprendizagem ocorre encadeando o novo conhecimento ao já existente. A tendência sociológica ou epistemológica interpreta que o ensino é uma ajuda para que os estudantes construam seus conhecimentos através de problemas que os levem a examinar suas próprias considerações sobre o ensinado (Schats e Grouws, 1992).

Como é possível perceber, no momento de resolver um problema (mesmo os denominados clássicos), pode-se utilizar a história da Matemática como gerador de ideias úteis, que permitam considerar métodos de raciocínio indutivo, como a *indução euleriana*, já apresentada. Essa consideração pode evitar que seja preciso realizar as operações dedutivas mais comuns, no momento de resolver um problema fechado se, como dissemos anteriormente, considerarmos os procedimentos indutivos que podem levar-nos à solução do problema.

Sobre o ensino das equações diferenciais ordinárias (EDO)

Historicamente, o estudo das soluções das equações diferenciais ordinárias (EDO por conveniência) tem se desenvolvido em três grandes cenários: o algébrico, o numérico e o geométrico. Da perspectiva do ensino, os programas de estudo e os livros-textos nos mostram, por diversas razões, um predomínio do cenário algébrico (com suas variantes), com alguns olhares das aproximações numérica e geométrica. Isso tem resultado como consequência, que se obtenha uma visão muito parcial dos métodos que existem para resolver EDO, pois frequentemente o estudo dos modelos determinísticos (eletrônica, óptica etc.) requer a necessidade de se estabelecer "articulações" entre as diferentes aproximações[19].

Usando a história da Matemática como base para a *Transposição Didática*, se pode variar o curso de equações diferenciais ordinárias, em que se integram os três cenários de solução e se modifica o esquema de ensino atual dessa disciplina (ver Hernández, 1994).

Uma alternativa para modificar esse modelo de ensino é o "jogo de marcos", introduzido por Douady (1986). Um marco, como ela nos diz,

---

[19] Em alguns trabalhos, especificamos as características de um curso de Equações Diferenciais e sua relação com tecnologias e contexto, ver Nápoles (2019) e Nápoles e Rojas (2020).

se entende no sentido usual que tem quando falamos do marco algébrico, do marco aritmético, do marco geométrico. No jogo de marcos, o docente propõe ao estudante a troca entre os distintos tipos de marcos referentes aos problemas escolhidos por conveniência, na perspectiva de que eles avancem nas fases do problema e que seus conhecimentos evoluam. No trabalho, estudamos como se pode incorporar essas ideias, em particular no ensino das EDO[20], nas quais os cenários são exemplos dos marcos. Mesmo assim, propomos problemas com o objetivo de ver como se pode gerar o jogo de marcos, no qual, nesse "jogo", o computador pessoal (PC) desempenhará um papel central.

Douady (1986) introduz a noção de marco em sua tese doutoral no seguinte sentido:

> Digamos que un marco está constituido por objetos de una rama de las matemáticas, por las relaciones entre los objetos, por sus formulaciones eventualmente diversas y por imágenes mentales asociadas a esos objetos y sus relaciones. Estas imágenes juegan un papel esencial en su funcionamiento como útiles, de los objetos del marco. Dos marcos pueden tener los mismos objetos mas diferir en las imágenes mentales y la problemática desarrollada... concebimos la noción de marco, como una noción dinámica. El cambio de marcos es un medio para obtener formulaciones diferentes de un problema que sin s70ecesariamentente equivalentes permiten un nuevo acercamiento a las dificultades encontradas y la puesta en escena de útiles y técnicas que no se impusieron en la primera formulación.

Mais adiante, introduz o "jogo de marcos" como a mudança de marcos proposta pelo docente para fazer avançar as fases de investigação de um problema em uma situação escolar. No desenvolvimento desse jogo se distinguem três fases:

1. Transferência e interpretação.
2. Correspondências imperfeitas.
3. Melhoramento da correspondência e progresso do conhecimento.

---

[20] Douady aplica essa estrutura para estudar os processos pelos quais os escolares possam adquirir um saber matemático em uma situação escolar.

Em nosso caso, os distintos cenários de solução das EDO são exemplos dos marcos. Assim, falaremos dos marcos algébrico, numérico e geométrico no mesmo sentido que os cenários algébrico, numérico e geométrico. O jogo de marcos é propor aos estudantes a resolução de uma certa EDO em um certo marco e traduzi-lo (todo ou parte) para outro (transferência e interpretação). A correspondência entre os marcos em geral é imperfeita, quer seja por causa matemática ou por conhecimentos insuficientes dos estudantes. Essa situação é fonte de desequilíbrio, uma vez que a comunicação entre os marcos, e em particular a comunicação com um marco auxiliar de representação, é um fator de reequilibração. Isso conduz ao melhoramento das correspondências e ao progresso do conhecimento (ver Douady, 1986).

Para fixar tais ideias, consideremos o problema de resolver uma simples EDO:

$$y' = -\frac{x}{y} \text{ , ou seja, } \frac{dy}{dx} = -\frac{x}{y}. \tag{1}$$

Esse mesmo problema pode ser proposto como a solução de um sistema (do qual se introduz uma terceira variável, o tempo t), ou seja, de uma EDO de segunda ordem com coeficientes constantes, e substituindo-se $x = x(t)$ e $y = y(t)$ obtemos:

$$\frac{\frac{dy}{dt}}{\frac{dx}{dt}} = -\frac{x}{y} \Rightarrow \frac{dy}{dt} = -x \quad , \quad \frac{dx}{dt} = y \, ,$$

isto é, o sistema:

$$\begin{aligned} x' &= y \\ y' &= -x \end{aligned} \tag{2}$$

Ao derivar a segunda equação do sistema, obtemos $y'' = -x' = -y$, o que conduz à equação diferencial de segunda ordem:

$$y'' + y = 0 \text{ , de onde } y = y(t). \tag{3}$$

Figura 1: Desenho esquemático do sistema massa-mola

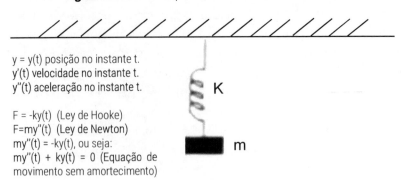

y = y(t) posição no instante t.
y'(t) velocidade no instante t.
y''(t) aceleração no instante t.

F = -ky(t) (Ley de Hooke)
F=my''(t) (Ley de Newton)
my''(t) = -ky(t), ou seja:
my''(t) + ky(t) = 0 (Equação de movimento sem amortecimento)

Fonte: Elaboração do autor

A equação (3) é interessante, pois representa a equação de um sistema massa-força elástica (donde a massa e a constante da força elástica são iguais a 1) sem amortecimento, que conduz a "oscilações livres" (ver figura 1).

Em virtude da equivalência das três equações, estabelecer a equação do movimento para esse caso é equivalente a resolver a equação (1), a qual é de variáveis separáveis e conduz a uma solução da forma $x^2 + y^2 = c$. Essa equação representa uma família de circunferências com centro na origem e raio $\sqrt{c}$, o que nos leva a conjecturar que: $x(t) = \sqrt{c}\cos t$, $y(t) = \sqrt{c}\sin t$.

Diante do exposto, podemos observar que "induzir a solução" requer, em princípio, a articulação das diferentes representações (algébricas e gráficas), além de conhecer um método de solução. Nesse caso, a solução do problema seguiria, em geral, o seguinte esquema:

Modelo → EDO → Marco (algébrico, numérico, geométrico) → Representação (gráfica, numérica, geométrica) → Solução → Modelo.

Nesse caminho, algumas etapas das rotas podem ter duas ou mais subrotas.

Desde já, como nos mostra a história, existem alguns problemas nos quais a rota seguida é única; isto é, se tem uma única representação para a EDO. Também se tem uma única aproximação para encontrar a solução e, em ocasiões, a representação da solução não se pode articular com outras representações com o fim de que nos forneçam um conhecimento mais amplo da solução e em geral do modelo estudado.

Particularmente, no problema anterior, a rota seguida é a mostrada na Figura 2:

Figura 2: Modelo matemático

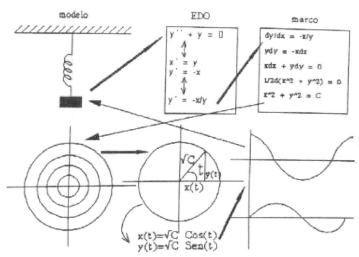

Fonte: Elaboração do autor

Primeiramente, podemos observar que a rota seguida não é única e que a busca da solução põe em jogo uma grande quantidade de representações (algébricas, gráficas etc.), que é necessário articular, com o objetivo de ter uma melhor compreensão do modelo.

No caso da Figura 2, partiu-se da EDO de primeira ordem $y' = -\dfrac{x}{y}$, desde que se pudesse selecionar qualquer das outras duas representações. Depois, elegemos o marco algébrico em sua primeira variante.

É claro que se poderiam tomar as outras duas alternativas: utilizar as séries de potências ou as transformadas de Laplace. Também se pode eleger o marco geométrico (ou o numérico) e fazer uma análise qualitativa das soluções. O marco conduz a uma representação (algébrica) para a solução, a qual é necessário articular com outras representações para, finalmente, chegar ao modelo. Nesse sentido, a noção de marco é dinâmica (Douady, 1986). Isso significa que podem eleger-se outras alternativas para a rota.

O tema que tratamos é adequado, talvez como nenhum outro, para a união dos enfoques antes citados. Se partimos da definição de cada um de seus campos, entenderemos que os programas atuais constam, quase exclusivamente, do enfoque algorítmico-algébrico. Os componentes geométricos (da teoria qualitativa) e numéricos estão praticamente desaparecidos. Se contamos com um equipamento aceitável, é lógico que se impõe a pergunta: como remediar essa situação?

Do ponto de vista histórico, o primeiro campo de onde se desenvolveu a teoria das equações diferenciais ordinárias é o algébrico. Múltiplas tentativas brindaram os métodos conhecidos hoje, muitos dos quais têm uns quantos anos (Conferência 17). Por outro lado, o desenvolvimento dos modernos computadores tem tornado possível a implementação de métodos numéricos com uma rapidez de convergência sumamente elevada, daí a possibilidade da sua utilização.

Todo trabalho de teorização ou de engenharia didática da Matemática pressupõe e utiliza, necessariamente, um modelo mais ou menos elaborado (embora levemente implícito) da atividade matemática e, mesmo assim, uma noção do que é 'ensinar e aprender Matemática'. A explicitação desses modelos permite que sejam questionados, contrastados empiricamente e reelaborados pelo que deveria constituir um ponto de referência em toda investigação da didática da Matemática (Bosch e Gascon, 1994).

É muito útil seguir a metodologia dada por Douady em seu trabalho "A engenharia didática, um instrumento privilegiado para levar em consideração na complexidade da classe", a qual se compõe de três etapas de estudos:

a) Análise a priori.
b) Concepção de um ensino, ou seja, a engenharia didática propriamente dita.
c) Análise dos produtos da experiência.

Nesse caso, a análise a priori corresponde, fundamentalmente, à análise dos distintos aspectos que acreditamos ser necessário levar em conta: a história das EDO; a evolução dos livros-textos; o impacto das novas tecnologias; as crenças e concepções dos professores sobre a Matemática etc.

Uma primeira atitude é, precisamente, a de mencionar que as EDO nos servem, fundamentalmente, para modelar problemas cuja essência é objeto de estudo por um ramo da engenharia ou das ciências: física, química, economia etc. A primeira dificuldade que se apresenta para nós é que não se pode considerar o fenômeno em estudo exatamente como se apresenta na natureza, devido à grande quantidade de aspectos que deveria ser considerada e a consequente necessidade de conhecimentos matemáticos demasiadamente complexos, o que traz como consequência a idealização do problema no qual não se consideram aqueles aspectos do fenômeno que não têm grande influência no objeto de estudo. Aqui é importante a presença de especialistas do ramo. Por exemplo, se queremos descrever o movimento de um pêndulo, é possível que o peso da corda seja insignificante no processo.

Para a modelação e solução, é importante considerar o seguinte procedimento:

1. Determinar as funções que relacionam as magnitudes essenciais que caracterizam o processo.
2. Utilizar as leis da ciência às quais corresponde o problema em estudo, para descrever o processo mediante equações. De um modo geral, se pode representar na forma:

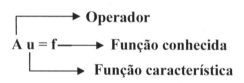

3. Determinar as condições adicionais que caracterizam completamente o processo.

Entre essas condições, são frequentes as chamadas condições iniciais, que caracterizam o início do processo, e as chamadas condições de contorno, que caracterizam o comportamento do fenômeno objeto de estudo, durante o processo na fronteira da região na qual ocorre. Antes de passar para a busca de sua solução, devemos comprovar alguns aspectos que impõem o problema real:

4. Estudo da existência e unicidade da solução.

Por exemplo, se estudamos o lançamento de um projétil por uma arma de artilharia a partir de sua velocidade inicial e do conhecimento da resistência do ar, e pretendemos determinar a trajetória do projétil e a sua posição em qualquer tempo, obrigatoriamente, o sistema de equações diferenciais que faz parte do modelo matemático correspondente deve ter solução, pois realmente ao lançar o projétil e transcorrer certo tempo depois de lançado, ele deve ocupar uma posição no espaço.

Se, contrariamente ao que nos indica a prática, o modelo matemático não tem solução, é porque se cometeu um erro na sua formulação. Os processos físicos, químicos etc., que se modelam por equações diferenciais sempre têm solução única.

5. Continuidade da solução com respeito às condições adicionais.

As condições adicionais que caracterizam completamente um processo da natureza, se determinam, geralmente, de forma experimental e por isso nem sempre são exatas. É importante salientar que o estudo da existência, a unicidade e a dependência contínua da solução das condições adicionais, não só é parte importante da modelação do problema. Em alguns problemas reais pode ser, de fato, parte essencial ou total da solução.

6. Determinação da solução.

Na teoria das equações diferenciais podem distinguir-se três tipos de métodos: os chamados métodos analíticos, com os quais se determina a solução das equações diferenciais de forma exata, ou pelo menos em quadraturas; os métodos numéricos, com os quais a solução se determina aproximadamente, e os métodos qualitativos, com os quais se investigam as propriedades desejadas da solução, em muitos casos, sem necessidade de obtê-las.

7. Determinação de uma cota para o erro.

A solução aproximada se busca, geralmente, mediante um processo iterativo e, nesse caso, é importante obter, pelo menos, uma valoração do erro em função do número de iterações.

8. Análise da estabilidade da solução.

Uma segunda atitude nos conduz a não abandonar o marco algébrico sem, pelo contrário, complementá-lo com as outras aproximações para, assim, ter uma maior riqueza (de conexões) entre as representações, e também possuir mais ferramentas ao abordar o estudo dos modelos que estão descritos mediante equações diferenciais, os quais, mormente, no nível ao qual é dirigida nossa proposta, conduzem a equações de variáveis separáveis e lineares (de primeira e segunda ordem).

A partir dessas premissas, nos centraríamos mais nos métodos para resolver equações lineares de primeira e segunda ordem. Assim, dentro do marco algébrico, basicamente estudaríamos os procedimentos para resolver equações lineares de primeira e segunda ordem, tomando como estratégia partir de equações de variáveis separáveis. Continuar com exatas e lineares, para desenvolver essas atividades, podemos utilizar um sistema de tarefas (Garcés, 1997), o qual, na nossa visão, tem muitas vantagens e pode completar nossa proposta no uso de um software computacional dentro desse marco, fundamentalmente, ou de ajudar no cálculo de integrais, para a simplificação de expressões algébricas e ter estratégias (quando isso seja possível) para articular a solução (algébrica) com sua representação gráfica, para a qual é factível o uso dos processadores simbólicos, como Derive, Mathematica e outros.

Uma terceira atitude a assumir dentro de nossa proposta é a implementação do marco geométrico desde o início, desenvolvendo atividades que permitam traçar o conjunto de curvas compatíveis com o campo de inclinações. Como sabemos, isso sempre é possível no caso de equações de primeira ordem e em algumas de segunda ordem suscetíveis de serem reduzidas a equações de primeira ordem (a linear homogênea de segunda ordem com coeficientes constantes). A colocação em prática dessa aproximação apresenta dificuldades, como o trabalho que resulta no traçado do campo de inclinações, questão que pode simplificar-se com a ajuda de software computacionais. O mais delicado é o tratamento gráfico que se dá nos cursos tradicionais ao conceito de função (recordemos que, nessa aproximação, basicamente o que temos que fazer é representar graficamente as funções que vêm descritas em termos de sua derivada). Nesse sentido, podemos auxiliar, inicialmente, com uma série de exercícios que permitam manejar gráficos sem o apoio de sua expressão analítica. Nesse aspecto, são úteis os trabalhos realizados por Hitt (1992, 1995) e Garcés (1997).

O software computacional deve ser usado na forma interativa, proporcionando campos funcionais traçados com o auxílio do microcomputador, com a finalidade de que os estudantes busquem o conjunto compatível de curvas de solução. A aproximação numérica, que em ocasiões não faz parte do programa de estudo atual, quando se inserem nos livros-textos atuais se fazem de uma forma muito descritiva, ou em alguns casos desenvolvendo programas em alguma linguagem de programação. Como sabemos, esses podem ser implementados de uma forma efetiva mediante o uso do dispositivo eletrônico Excel.

Dentro de nossa proposta, tal marco de resolução pode ser adotado desde o início, como prelúdio do marco geométrico, já que nos permite, por um lado, passar da construção (por meio das 'irregulares' de Euler) de uma solução particular à solução geral e, por outro, articular a representação tabular com a gráfica. Por último, deve-se considerar o marco numérico (os algoritmos clássicos como o de Euler, Euler melhorado e o de Runge-Kutta) no ensino das EDO desde o início até o final.

Figura 3: Campo funcional

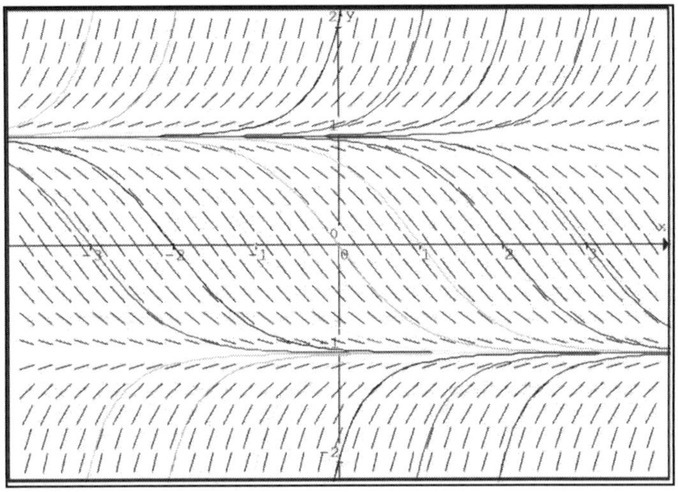

Fonte: Elaboração do autor

Por outro lado, o desenvolvimento dos modernos computadores tem tornado possível a implementação de métodos numéricos com uma rapidez de convergência elevada. Daí a possibilidade da sua utilização.

Poderíamos citar outro exemplo que ilustra o anterior, o caso da equação diferencial $y' = y^2 - 1$, que oferece possibilidades consideradas válidas ao professor. Se analisarmos o marco algébrico, sua solução é muito elementar, pois é uma equação em variáveis separáveis e resolvível em quadratura, cuja solução se pode expressar por $y = \dfrac{1 + ce^{2x}}{1 - ce^{2x}}$. É claro que essa expressão não diz muito aos estudantes sobre o comportamento gráfico das soluções. Sem dúvida, analisando o marco geométrico e seguindo o esquema de Brodetsky (ver Brodetsky, 1919), teremos:

1. Os lugares geométricos dos quais $f(x, y) = 0$, são as retas $x = 1$ e $x = -1$;

2. O lugar geométrico do qual $\dfrac{1}{f(x,y)} = 0$, não existe;

Esses lugares dividem o plano em compartimentos nos quais $x' > 0$ (no exemplo $x > 1$ ou $x < -1$) e $x' < 0$ $(-1 < x < 1)$.

3. Ao calcular x'' obtemos $x'' = 2xx'$ e analisando a equação $x'' = 0$, resultam os lugares geométricos $x = 0,\ x = 1,\ x = -1$.

   Esses lugares determinam regiões no plano, em que as curvas são côncavas para cima ($x > 1, -1 < x < 0$) e côncavas para baixo ($x < -1,\ 0 < x < 1$).

4. Para completar a análise, traçamos um número de segmentos tangentes em uma quantidade conveniente de pontos, de modo a poder traçar as curvas integrais compatíveis com o referido campo (ver figura anterior).

   Todos os aspectos mencionados anteriormente nos levam à seguinte proposição em relação aos conteúdos a tratar:

- Introdução: Que é uma equação diferencial? Marcos de solução;
- O marco geométrico (estudo qualitativo da solução): Campos de direções, ...;
- O marco algébrico: Separação de variáveis, equações exatas, equações diferenciais lineares, variação de constantes, coeficientes indeterminados, modelos e soluções em séries;
- O marco numérico: Método de Euler, Euler melhorado e Runge-Kutta, análise de erros.

A análise a priori nos conduziu à proposta descrita anteriormente, ou seja, à engenharia didática propriamente dita. Posteriormente, corresponderá à elaboração de sequências didáticas, sua aplicação, a observação e avaliação do conhecimento dos estudantes. Se tivermos que estabelecer outra ordem "territorial" de como devem tratar as vizinhanças, diríamos que:

- O enfoque algébrico, por sua própria gênese e desenvolvimento, deve ser tratado em um primeiro momento;
- O enfoque geométrico deve ocupar um lugar intermediário, dadas as possibilidades de exploração que apresenta. Basta, como exemplo, a equação $x'' + sen\ x = 0$;
- O enfoque numérico retomaria múltiplas situações dos enfoques que lhe precederam.

Um fato inquestionável em nossos dias é a presença do computador em quase todos os âmbitos da vida cotidiana. O sistema educativo não pode nem deve manter-se à margem, se pretende um ensino de qualidade que forme cidadãos capazes, e precisa incorporar o conhecimento e manejo dos computadores como um de seus objetivos. Além disso, como temos visto no trabalho e nas diferentes fontes consultadas para a sua elaboração, o computador oferece interessantes possibilidades didáticas, além da capacidade de visualização gráfica no vídeo com a interatividade inerente ao processo de ensino-aprendizagem.

O termo visualização é de uso recente em Educação Matemática, para descrever aspectos tais como:

> (...)en la visualización matemática lo que nosotros estamos interesados es precisamente en la habilidad de los estudiantes en dibujar un diagrama apropiado (con lápiz y papel o con ordenador) /para representar un concepto o problema matemático y utilizar el diagrama para alcanzar la comprensión, y como una ayuda en la resolução del problema ... Visualizar un problema significa comprender el problema en términos de un diagrama o imagen visual. La visualización matemática es el proceso de formar imágenes (mentalmente, con lápiz y papel o con ayuda de materiales o tecnología) y utilizar estas imágenes de manera efectiva para el descubrimiento y la compresión matemática. (Zimmermann; Cunningham, 1991)

Do que foi exposto anteriormente, percebemos ser necessário extrair alguns aspectos importantes que, em nível de conclusões, resumimos:

- Cremos que, com o que foi apontado, mostramos como é possível integrar os marcos de solução de uma EDO com o objetivo de fazer com que os estudantes conheçam o significado desse objeto;
- Para a implementação da proposta, foi destacado o rol que desempenham os pacotes simbólicos de cálculo e as calculadoras gráficas, pelo que os docentes devem aprofundar-se no uso deles;
- A elaboração das sequências didáticas, que constitui o núcleo fundamental da Engenharia Didática, depende das condições de cada aula do professor, da instituição etc. Tal e como se apresenta em nosso esquema da Transposição Didática (ver Apêndice).

Tal como já mencionamos, o curso de EDO tem que ser realizado sob a ótica de uma integração dos três cenários discutidos antes. Concretamente, a sua integração tem se mostrado como uma ferramenta poderosa que permite ao estudante interatuar com os diversos marcos e desenvolver o pensamento lógico a respeito deles. Dessa forma, o curso será mais produtivo.

A investigação do comportamento de funções reais

Sabemos que o estudo das funções (reais, de agora em diante) está sujeita a distintas dificuldades didáticas. Algumas delas são:

- A determinação dos extremos de uma função e o esboço de seu gráfico;
- A própria construção de seus gráficos, pois na maioria dos casos trabalhamos com o gráfico da função propriamente dita, e não com algumas variantes interessantes, como podem ser: a derivada direcional da função, a derivada direcional da variável independente etc.;
- A determinação dos pontos de acumulação, e as funções definidas por séries infinitas. No primeiro caso, abordamos domínios "plenos" quase sempre, quando poderíamos gerar discussões interessantes com nossos estudantes, se restringimos o domínio a determinados subconjuntos de R. No segundo caso, quase sempre o uso

docente das funções contínuas, ou com séries convergentes em domínios mais ou menos "cômodos", traz preparada uma convicção, nos estudantes, sobre as "bondades" das funções, sem ter praticamente em mente a utilização de funções descontínuas, ou contínuas não deriváveis, restringindo séries divergentes, para definir funções apropriadas em alguns casos etc.

Apesar da existência de técnicas construtivas em vários ramos da Matemática, utilizaremos o conceito de função por considerá-lo de capital importância.

O conceito de função, tal e como se utiliza atualmente em Matemática, se desenvolveu progressivamente. À medida em que as necessidades práticas se faziam sentir, se agregavam às definições necessárias e, por causa disso, se chegou a uma proliferação de noções vagas e inexatas.

Não faremos um esboço histórico desse conceito, pois existem vários trabalhos dedicados a isso (Conferência 11). Só retomaremos alguns dados para ilustrar nossa exposição.

Se, para Jean Bernoulli, função de uma variável é "uma quantidade composta, de uma certa maneira, desta quantidade e de constantes" (1718), para Euler, em 1748, "é qualquer expressão analítica das quantidades variáveis e de números ou quantidades constantes". A partir dessas concepções, é que a noção de continuidade de uma função é praticamente evidenciada, pois uma curva que estava representada por uma equação algébrica ou transcendente se chamava *uma curva contínua*.

E não é assim que, praticamente, nossos estudantes compreendem a noção de função? Melhor ainda, quantos estudantes consideram funções definidas por mais de uma sentença, descontínuas ou definidas por uma série infinita, digamos, seu desenvolvimento em Série de Fourier? Esses aspectos mostram que é necessário dar mais ênfase na construção de funções na Educação Matemática. De fato, não é só esse o problema. Resumindo, podemos apresentar outros:

- dado o gráfico da função, sua variável independente e sua derivada (ou dessa última com a variável independente), obter a representação algébrica da função;
- construir os gráficos das funções e suas derivadas.

A teoria de conjuntos permite apresentar definições de função reservadas para estudantes com certos conhecimentos avançados, que não devem ser desprezadas, basta como exemplo a utilização do Princípio da Cotação Uniforme, o Teorema de Banach-Steinhaus (Goffman e Pedrick, 1965), descoberto por Lebesgue em 1908, vinculado a suas investigações sobre as Séries de Fourier e que foi isolado como princípio geral por Banach e Steinhaus nos anos de 1920, no estudo da existência de funções contínuas sem derivada, de funções contínuas 2π-periódicas cuja Serie de Fourier diverge em um ponto etc.

Por outro lado, o uso dos computadores como ferramentas educacionais torna muito difícil separar o conceito de função com valores reais da ideia intuitiva de função contínua. Isto é, talvez, sugerido pelo fato de que a maioria dos "pacotes" usados apresentam o conceito de função como sinônimo de uma relação entre duas variáveis, relação expressa por uma fórmula.

Por tudo isso, nos parece vantajosa a obtenção do conceito de função desde um ponto de vista histórico, em vez de deixar bem claro as relações entre o conceito de função e a continuidade de funções. Esse conceito de função, em seu devir histórico, permite, sobretudo, apontar a evidência que uma demanda de saber que se avalia pode mudar ao longo do tempo, conforme as velhas teorias são substituídas pelas novas. Na realidade, de acordo com a filosofia da ciência, o que se toma por conhecimento factual depende das teorias em uso (Feyerbarend, 1975; Kuhn, 1962; Lakatos, 1976). Portanto, o que pode ser chamado conhecimento em um tempo, pode, à luz de novas teorias posteriores, ser considerado crença. Inversamente, uma crença sustentada alguma vez, com o tempo, pode ser aceita como conhecimento à luz de novas teorias que a apoiem. Assim, as afirmações de Scheffler sobre a incompatibilidade de *saber* e *estar equivocado* não reconhecem a qualidade temporal das teorias como cânones de evidência.

Queremos apresentar, agora, algumas observações a respeito da determinação dos extremos de uma função. Em nosso trabalho docente, utilizamos o conhecido algoritmo de determinar os pontos críticos da primeira derivada e, depois, mediante o seu sinal em uma vizinhança desses pontos, ou avaliando diretamente, decidir sobre a sua natureza, e em ocasiões, quando $f'(a) = f''(a) = 0$, desprezamos esses pontos, por considerá-los sem nenhuma importância docente. Sem dúvida, esses pontos críticos degenerados são os pontos de catástrofe da aplicação.

O ponto de vista "filosófico" é que esse conjunto dos pontos de catástrofe K é o que contém o comportamento significativo do processo, ou seja, de onde se trabalha é o lugar geométrico dos pontos de equilíbrio do sistema. É o esqueleto do qual o resto da morfologia depende.

A Teoria das Catástrofes pode aplicar-se à modelação de fenômenos reais de diversas causas: qualitativas ou quantitativamente; de um ponto de vista conceitual, predominantemente descritivo, a partir das características das superfícies de equilíbrio das funções de catástrofes, até um emprego rigorosamente matemático, quando se conhecem as funções que governam o fenômeno físico em estudo e elas cumprem com as restrições próprias da Teoria das Catástrofes. Como modelos descritivos, permite agrupar em uma só geometria diversas características de um fenômeno que, de outro modo, permaneceriam isolados ou, inclusive, passariam inadvertidos.

Que melhor exemplo para ilustrar o anterior que o da função $f(x) = x^3 + cx, c \in R$. As pequenas mudanças no parâmetro c (considere-se $c > 0, c = 0$ e $c < 0$), obtendo gráficos totalmente distintos da função donde não existem extremos, existe um e existem três, respectivamente (ver Figura 4). Isso significa que estamos na presença da catástrofe elementar tipo 'pico' (ver Conferência 18). Posto que a função pode modificar-se significativamente se mudarmos c, por menores que sejam essas mudanças, o fenômeno físico que representa sofrerá alterações de importância, pois muda qualitativamente. É de interesse estudar o comportamento dos pontos críticos da função.

Por outro lado, esse ordenamento permite estabelecer programas experimentais com os quais é factível ganhar uma melhor apresentação e compreensão dos resultados e, portanto, do mesmo fenômeno. Todavia, como método descritivo, introduzindo uma nomenclatura e conceitos importantes, como o de estabilidade estrutural, que facilita a compreensão daqueles fenômenos complexos nos quais a função que os governa se desconhece, é muito complicado. Supõe-se, implicitamente, a existência de uma relação funcional à qual pode aplicar-se a Teoria das Catástrofes. A justificativa dessa hipótese só se obtém quando os dados experimentais se ajustam a uma geometria de catástrofes, questão que justifica sua popularidade e uso entre os investigadores que, às vezes, se auxiliam de seus computadores e observam as trajetórias no espaço de fases.

Figura 4: Três curvas diferentes

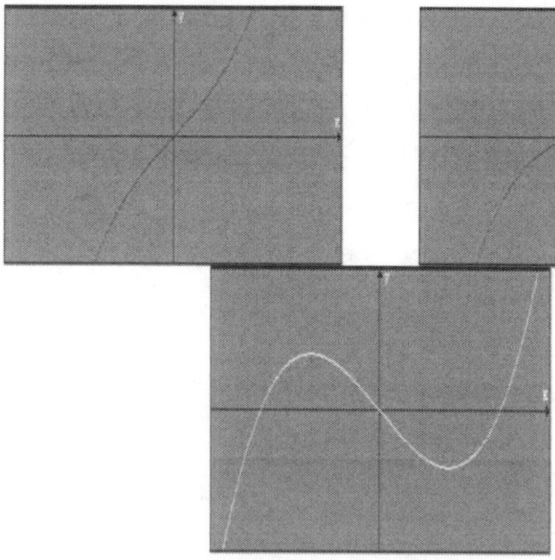

Fonte: Elaboração do autor

Finalmente, devemos assinalar que os conceitos fundamentais da Teoria das Catástrofes são próprios da linguagem da Análise Matemática. Seus métodos, procedimentos e enfoques, tanto geométricos como topológicos, são também análogos, ou seja, essa nova teoria surgiu como continuidade para enfrentar e resolver novos e velhos problemas. Recordemos que nos textos tradicionais não se analisa o caso dos pontos degenerados (exceto o critério da n-ésima derivada), que só é abordado pela Teoria das Catástrofes.

Por todas as razões analisadas, consideramos que é possível, nos cursos de Análise Matemática, abordar alguns conceitos, procedimentos, métodos e exemplos da Teoria das Catástrofes. Assim, apresentamos uma proposta didática que permite aperfeiçoar a modelação de processos, cujo comportamento não é contínuo, apontando considerações didáticas que enfatizem esse aspecto importante e essencial na disciplina de Análise Matemática.

Aproveitar esse resultado significa que devemos vinculá-lo com outros conceitos, como o de continuidade, e essa análise não deve se tornar difícil, pois fica claro que, para pequenas variações do parâmetro c em uma vizinhança do ponto $O(0, 0)$, a questão se torna muito interessante, como já analisamos. Logo, devemos relacionar esses resultados com problemas das ciências. Reafirmando, entre outras, a noção de limite que um estudante não deve perder nunca.

Uma das relações que podemos estabelecer se refere à utilidade que tem a análise anterior e seu vínculo com outros conteúdos e que, em essência, é o mesmo caso de resolver a equação diferencial $f''(x) = 3x^2 + f(0), f(0) = 0$. Sua solução é, portanto, $f(x) = x^3$. Porém, se consideramos a condição inicial, devemos achar tal solução como resultado de um experimento. É muito provável que, se o resultado obtido for não nulo e as justificativas sejam abundantes, precisemos recordar o princípio da incerteza, assinalado por J. Ford. Se aceitamos em erro tão pequeno, podemos aceitar um valor positivo ou negativo e o resultado, como já sabemos, é qualitativamente distinto. O resultado da lei que modela esse problema é um caso muito diferente nessa disjunção. Se não superamos a ciência certa, qual é o verdadeiro valor da condição inicial, então estamos frente a um quebra-cabeças. Por que, qual é a lei que modela esse fenômeno, já que se trata de três curvas diferentes (ver a Figura 4)?. Enfim, pode-se propor o exercício de várias formas que resultará no mesmo problema. Nesse caso, nota-se a importância das condições iniciais em um problema, mesmo quando há valores muito próximos das condições iniciais e as soluções não sejam aproximadas. Em quais condições sucedem esses comportamentos, para que tipos de fenômenos? Possivelmente, podemos perguntar para que valor do parâmetro c o resultado é divergente ou qual é o conjunto de valores de onde as soluções são diferentes (se bifurcam). Continuando com nosso exemplo, para o caso $f'(x) = 3x^2 + f(0)$, resulta a solução geral $f(x, c) = x^3 + cx$; porém, para que valores de x e c os resultados são qualitativamente análogos; nesse caso, o estudante pode chegar a descrever as relações geométricas da original e a perturbada em função de seus pontos críticos.

O exemplo anterior se torna muito fácil de resolver, pois não necessita de métodos especiais, com conhecimentos mínimos de diferenciação e integração se resolve. Porém, a condição inicial imposta converte

A História como um agente de cognição na Educação Matemática **87**

o exercício em um problema cuja solução não se encontra ao alcance dos conhecimentos e habilidades que a Análise Matemática tem brindado até o momento. Todavia, é um bom início para relacionar-se com a Teoria do Caos, surgida nos últimos 30 anos do século XX e que, na década dos anos de 1990, apresentou novos desafios.

Devem conceber-se atividades que conduzam o estudante a fazer descobrimentos pessoais. Essas atividades devem estar profundamente enraizadas na realidade, de modo que permitam explorar e examinar o mundo rodeia o estudante. Há que incitar os estudantes a copiarem dados e a conceberem problemas por sua própria conta e, fundamentalmente, atividades relacionadas com a realidade circundante (recordemos Aristóteles).

Por que os incomensuráveis?

Tomemos o caso dos números irracionais da forma $\sqrt[n]{a}$, a e n naturais. A demonstração da incomensurabilidade da diagonal com o lado do quadrado segundo todos os pontos de vista, dados da segunda metade do século V a. C. É uma das demonstrações matemáticas mais antigas, talvez a primeira, e de cuja qualidade efetivamente demonstrativa temos segurança. Segundo informa Aristóteles, apoia-se na redução da hipótese da comensurabilidade da diagonal ao absurdo de que um mesmo número resulte par e ímpar. Uma versão posterior e mais elaborada, que se acrescentou ao final do livro X dos *Elementos* de Euclides como a *proposição 117*, é apócrifa, sem dúvida[21], e hoje já não se encontra nas edições do tratado[22]. A prova estabelece a impossibilidade de uma medida numérica (exata) comum entre as magnitudes consideradas, conclusão negativa de máximo alcance que os gregos só podiam estabelecer mediante o recurso lógico da dedução indireta ou redução ao absurdo dentro do marco teórico de discurso dado. Tal é assim, que a demonstração direta de um resultado paralelo na moderna teoria dos números (que é a raiz muito mais interessante e informativa que a tradicional prova indireta da irracionalidade de $\sqrt{2}$, que supõe não só nossa teoria lógica da quantificação, mas o princípio de escolha), não passa de uma curiosidade técnica praticamente ignorada.

---

[21] A esse respeito, ver Müeller (1981); Vega (1995) e Vega (1997).
[22] Ver Euclides (s/d) ou Euclides (1991-1996).

Que problema temos aqui? Falando com propriedade, temos mais de um problema teórico?

1°. A consideração de uma nova classe de números, logicamente situada depois de N, Q_+, Z e Q, enquanto, do ponto de vista histórico, se teve N e Q_+. É conveniente a localização do conhecimento nesse lugar do currículo? Deve situar-se em temas de geometria ou de equações? Apesar de o marco histórico ser um marco geométrico, cremos dever conservar-se sua localização no tema "Equações", e acrescentar o resultado (sem demonstração, por suposição) de Löwenhein.

2°. A vinculação dessa temática à moderna Teoria da Argumentação. Assim, a tradicional prova indireta que sempre tem representado um modelo de rigor matemático, não prova que $\sqrt{2}$, seja irracional nem algo acerca de nossos números irracionais. Antes, devemos destacar vários pontos: (1) o objeto da prova é geométrico; (2) nosso "irracional" não equivale em extensão ao *álogon* (sem razão expressável) de Euclides; (3) na medida que a Matemática grega carece de nosso conceito de número real, a ideia de *álogon* de Euclides também fica distante de coincidir intencional ou conceitualmente com o que hoje se entende por "irracional" (Vega, 1995). Ainda no século XIX, os irracionais não possuíam uma identidade própria como números e, quando eram utilizados, se recorria à aproximação infinita, tomando como base os números racionais (Recalde, 1994). É pouco provável "que os matemáticos gregos pensaram em termos de uma progressão infinita de números" (Rotman, 1988).

Por outro lado, as relações entre a lógica e a argumentação vêm sendo um assunto muito discutido, por mais que às vezes o posto em questão seja a real existência de alguma relação entre elas. Assim, na demonstração, desde os gregos, a lógica sempre teve que virar-se com a argumentação. Nesses momentos, a afirmação de H. Scholz de 1939: "o que significa demonstrar ou se aprende em Matemática ou não se aprende em nenhuma outra parte", não é tão determinante.

O certo é que, nunca como agora, tem-se começado a falar da possível morte da demonstração matemática (em seu sentido clássico). Espalha-se o rumor de que as novas perspectivas históricas e filosóficas do desenvolvimento da Matemática, junto com os novos tipos de prova que têm aparecido no horizonte da investigação – as provas que exigem a ajuda de computadores cada vez mais potentes – basta, a título de apresentação, a prova do problema das quatro cores (ver, por exemplo, Appel e Haken, 1986; Detlefsen e Luker, 1980; Lolli, 1991; Swart, 1980 e Tymoczko, 1979) – que amenizam, com ataque, o golpe de atração.

Sem dúvida, renunciamos às demonstrações clássicas, ou analisando a situação de um ângulo positivo: como podemos assimilar as provas por computadores? Partindo do fato de que, para a maioria, não são demonstrações matemáticas.

Devemos acrescentar aqui que o conceito de uma prova não só como uma verificação formal de um resultado, mas como um argumento convincente, tem adquirido maior importância ultimamente entre os que se preocupam pela Educação Matemática. Hanna (1990) sugere que, sempre que seja possível, devemos dar aos nossos estudantes provas que expliquem, em lugar de provas que só provem. Tanto as provas que provam como as provas que explicam são provas válidas (ainda que as segundas não sejam consideradas uma "demonstração clássica"). Uma prova que explica "deve proporcionar uma justificação baseada nas ideias matemáticas envolvidas, as propriedades matemáticas que fazem com que o teorema afirmado seja certo" (Hanna, 1990). Entre elas, sobressaem, nos últimos tempos, as chamadas *provas sem palavras*, ou seja, com ajuda de gráficos, símbolos etc., também chamadas *provas por exame* (Wells, 1991), que têm se revelado particularmente úteis na demonstração de certas fórmulas numéricas.

3°. A tendência à formalização da Matemática, a partir desse momento, contrastando com a inclinação empirista da Matemática anterior. São várias as razões que tradicionalmente explicam tais causas, que podem agrupar-se da seguinte maneira (Filloy, 1995): causas sociológicas; causas interculturais e causas intramatemáticas.

Do ponto de vista didático, é muito útil, sobretudo, o último aspecto e o desenvolvimento que gerou na história da Matemática. Cremos que, com os exemplos apontados, temos apresentado aos docentes uma alternativa válida no tratamento didático de certos problemas considerados, por quase todos, como "difíceis".

Dessa forma, a história da Matemática não é um simples conjunto de problemas históricos para introduzir em classe, umas anedotas biográficas que motivem o estudante ou um recurso ocasional, mas um dos fundamentos epistemológicos da atual reforma escolar (Maza, 1996). Esse mesmo autor assinala que, para a história da Matemática responder à importância social concedida, deve cumprir uma série de condições que resumimos em seguida:

1. Que se constitua como campo de trabalho e investigação, o que requer a análise dos elementos que a constituem e as relações que são possíveis estabelecer com o campo educativo;
2. Que os professores a possam ver como um recurso didático de importância e utilidade em seu trabalho de aula;
3. Condição fundamental é a divulgação, entre os professores, dos conteúdos da história da Matemática; porém, ao mesmo tempo, uma condição prévia para isso é que os especialistas nesse campo do saber orientem suas ações, não só ao estudo gratificante da história em si, mas à sua repercussão nas aulas.

Queremos mencionar algumas observações gerais sobre a utilização dos recursos históricos em nossas classes:

1. Quase toda a Matemática tem sido construída sobre uma sucessão de ideias precedentes e quando se pode voltar sobre essa cadeia, a motivação para um problema se torna clara;
2. Os estudantes, ao dedicar-se a um problema original, se relacionam com a experiência da criação matemática, sem uma interpretação intermediária;
3. Além disso, algo muito relacionado com o ponto anterior, os estudantes são iniciados no caminho da criação matemática de uma forma prática: investigação, publicação e discussão;
4. A objetividade histórica não deve ceder às necessidades pedagógicas (ver Garciadiego, 1997). Exemplo disso são os muito conhecidos E.T. Bell - Men of Mathematics, New York, Simon e Schuster (1937) e L. Infield - Whom the gods love, New York, Whittlesey House (1948), mal concebidos como tratados históricos em virtude de um determinado interesse motivacional.

Acerca da raiz deste trabalho, acreditamos ser importante destacar os seguintes aspectos, à maneira de epílogo:

1. A consideração do desenvolvimento histórico dos entes matemáticos permite trabalhar na ação docente com as concepções primárias desses entes, o que indiscutivelmente ajudaria a esclarecer a compreensão desses, por parte dos estudantes;

2. Que o significado dos objetos matemáticos deve ser tomado em seu triplo significado: institucional, pessoal e temporal, ou seja, o entorno no qual se desenvolve o seu ensino influi sobre a interpretação dos estudantes;

3. Que existem diferenças qualitativas entre o funcionamento acadêmico (em nível de investigação, como "saber sabido") de um determinado conhecimento e o seu funcionamento didático, visto que, por diversas causas, os usos e conotações das noções matemáticas tratadas nas instituições de ensino são necessariamente restringidos;

4. Que por trás de toda teoria sobre a formação de conceitos, ou mais geral, de toda teoria da aprendizagem, há uns pressupostos epistemológicos sobre a natureza dos conceitos ou, como afirma Thom: "Toda a pedagogia das matemáticas, ainda se apenas é coerente, apoia-se em uma filosofia da Matemática" (THOM, 1973) e, por fim;

5. Que a Matemática deve ser considerada como uma classe de atividade mental, uma construção social que encerra conjecturas, provas e refutações, cujos resultados estão submetidos a mudanças revolucionárias e cuja validade, portanto, pode ser *julgada* com relação a um enclave social e cultural, contrário à *visão absolutista (platônica)* do conhecimento matemático.

6. A História da Matemática também pode ser significativa para o planejamento e estruturação da pesquisa em Educação Matemática, não se limitando apenas à Transposição e à Engenharia Didática, senão, numa perspectiva mais geral (ver García e Nápoles, 2015).

Apêndice

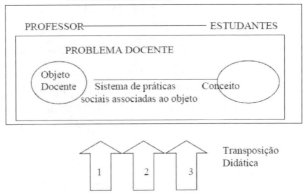

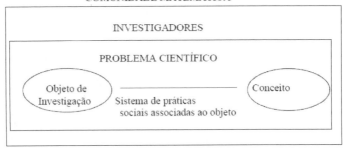

LEGENDA
ANÁLISE HISTÓRICO-EPISTEMOLÓGICA

1. **CONHECIMENTO DO PROFESSOR:**
- Da Matemática.
- De outras matérias.
- Do ensino da Matemática (Pedagogia, Desenho Curricular etc.)
- Direção educacional (contexto sociocultural, o que sabem os estudantes etc.).
- Do contexto do ensino.
- Da educação.
2. **CRENÇAS DO PROFESSOR:**
- Concepção acerca da natureza da Matemática.
- Modelos de ensino-aprendizagem.
- Princípios da Educação.

3

A investigação histórica como agente de cognição matemática na sala de aula

Iran Abreu Mendes

O desejo de chegar a uma conclusão, de ter uma explicação ou crônica completa, para organizar as coisas, é dá-las por terminadas. Ter explicações narrativas satisfatórias é um impulso humano natural, isto devido àquilo, em que aquilo desempenha a função e dar por encerrada a cadeia explicativa (A. C. Grayling, 2021).

A investigação histórica como agente de cognição matemática na sala de aula

Iran Abreu Mendes

O EXCERTO anterior, tomado como epígrafe deste capítulo, nos remete ao desejo de conhecimento, que nos move em torno da construção e caminhos para de chegar a uma compreensão que nos possibilite obter formas de explicação para os modos de ser e de estar das coisas no mundo, e assim poder dispor delas para ampliar esse mesmo mundo. Portanto, as explicações narrativas baseadas na história se mostram como um impulso humano natural para se construir cadeias explicativas que nos levem a realizar os desejos de conhecer.

É com este mote que inicio este capítulo, a fim de mencionar e discutir alguns dos trabalhos voltados à investigação de aspectos teóricos e práticos referentes ao uso da história no ensino da Matemática, enfatizando a sua importância para a Educação Matemática, de modo a responder à seguinte questão: de que modo é possível utilizarmos a investigação histórica da Matemática como um agente de cognição matemática na sala de aula? Acreditamos, com isso, podermos apontar elementos norteadores para o uso didático da história da Matemática em sala de aula, considerando-a um princípio unificador entre os aspectos cotidiano, escolar e científico da Matemática.

É necessário, porém, discutir a função da história na construção da Matemática, tendo em vista os três aspectos já mencionados e incluindo, também, a perspectiva sociocultural da história da Matemática, evidenciada nos estudos relacionados à etnomatemática e as possibilidades de conexão entre a história e a Matemática produzida. Por fim, analisarei algumas das atuais concepções sobre o uso da história da Matemática no ensino da Matemática.

História e construção da realidade matemática

Historicamente, a Matemática construída pela sociedade foi difundida culturalmente, mantida viva por estudiosos sobre o assunto, selecionada e reorganizada de acordo com a necessidade da ciência, e armazenada posteriormente em textos de divulgação científica ou em manuais escolares. Esse percurso histórico, entretanto, nos permite estabelecer um diálogo entre o conhecimento aprendido e disseminado mecanicamente, a memória da prática manipulativa que utiliza os objetos matemáticos, os textos, documentos, relatos da prática e outros registros de um modo geral, que os armazena para torná-los públicos.

Partindo dessa possibilidade, é possível utilizarmos a Matemática produzida por outros povos e em outras épocas para produzir novas matemáticas, compará-las com a produção anterior e ampliar o corpo de conhecimento já existente. Essa dinâmica implica em armazenar, selecionar e dispor das informações matemáticas conforme as necessidades configuradas em diferentes contextos e épocas, o que perpassa a produção sociocultural de cada sociedade. Nesse movimento, percebemos que o indivíduo não é um observador passivo e, por esse motivo, sempre adiciona suas impressões ao conhecimento experienciado. Conclui-se daí, também, que o conhecimento produzido traz consigo a subjetividade inerente ao contexto sociocultural de quem o produz.

A trigonometria, por exemplo, apresenta em seu desenvolvimento histórico vários fatos que podem ser mencionados a fim de concretizar tais considerações até agora apresentadas. Um exemplo disso refere-se ao fato de que as bases da trigonometria estão na astronomia babilônica, nas práticas de medição dos egípcios e nos estudos gregos, como os de Hiparco, Menelau e Ptolomeu, com o seu *Almagesto*, útil ao modelo de ciência da sua época. Além disso, há dados históricos indicativos de que os árabes também se apropriaram da trigonometria produzida pelos babilônios, egípcios e gregos, adaptando-a às suas conveniências e necessidades, transformando-a e difundindo-a pela Europa e Ásia até que esse conhecimento se transformasse em uma ferramenta matemática útil à elaboração e representação de novas ideias matemáticas, como por exemplo, os números complexos e as funções de uma variável complexa.

Para Schaff (1994), toda história é uma história atual e a verdade desse conhecimento histórico depende da necessidade que o gerou, ou seja, a história escrita é seletiva e depende do modo como os fatos são selecionados e controlados. Tal ação implica no nível de valorização dado aos acontecimentos passados, visando incluí-los ou não nessa história escrita. Assim sendo, toda história é escrita do ponto de vista que o presente julga ser importante para a sociedade atual. Isso significa que os fatos do presente refletem o seu passado e, com a reflexão de ambos, é possível escrevermos a história. Entretanto, se a história corresponde à memória das coisas ditas e feitas, então, cada indivíduo é na sua vida diária um historiador. Mais ainda, cada indivíduo é o criador de uma história diferente, de uma história que cria, relacionando-a com o presente porque não se pode lembrar dos acontecimentos do passado sem os ligar, de um modo sutil, às suas necessidades ou ao que se desejou fazer.

A história é, a nosso ver, uma tentativa de responder às perguntas acerca do processo de construção das informações apresentadas no presente. A história é escrita constantemente, não apenas porque descobrimos fatos novos, mas também porque a nossa perspectiva sobre o que é um fato histórico muda, ou seja, sobre o que é importante do ponto de vista do processo histórico. À medida que passamos a conhecer e compreender o desenvolvimento da sociedade em sua trajetória de transformação, aprendemos novos meios de compreender e explicar um mesmo fenômeno. Esse é um procedimento típico do desenvolvimento epistemológico da Matemática.

A história, então, passa a ter uma função decisiva na construção da realidade matemática, se considerarmos que é com base nessa história que teceremos uma rede de fatos cognitivos elaborados e praticados em diversos contextos socioculturais. É nessa rede sociocognitiva e cultural que poderemos captar elementos característicos do conhecimento matemático, visto que as atividades humanas sempre apresentam um entrelaçamento de ações que explicitam a realidade matemática construída.

A humanidade sempre produziu conhecimento sem ter uma preocupação explícita com as especificidades dessa produção cognitiva, seja ela concebida sob a ótica da Matemática, da física, da química, da biologia, da arte, da religião, dentre outras formas de ver e explicar o mundo. O importante é a relação entre os contextos social, cultural e político de quem o produziu. É fundamental, entretanto, compreendermos que essa elaboração humana sempre esteve ligada a um momento histórico-cultural e a uma necessidade que impulsiona essa produção. Desse modo, admitimos que o conhecimento construído esteja, quase sempre, ligado às emergências e necessidades sociocognitivas e culturais.

Se fizermos uma releitura histórica dessa produção, veremos que a Matemática produzida e organizada socialmente pode ser reorganizada hoje de acordo com as necessidades atuais, assim como redescoberta pela humanidade, no sentido de (re)utilizá-la para responder às questões atuais surgidas no contexto social. Podemos, assim, considerar que essa atitude sociocognitiva é concebida como uma retomada da Matemática a partir da valorização dos elementos socioculturais e políticos presentes na sua geração, organização e difusão.

Se concebermos a Matemática como o desenvolvimento de estruturas e de sistemas de ideias que envolvem números, modelos, lógica e configuração espacial, e investigarmos o modo como ela surge e é usada em vários contextos socioculturais, poderemos obter um melhor aprofundamento sobre esse conhecimento gerado em cada contexto. Assim, é importante considerarmos os processos históricos de elaboração desse conhecimento pela humanidade, tendo em vista compreender o processo de universalização alcançado pela Matemática acadêmica.

A história é construída a partir de acontecimentos e ações – fatos, lugares, nomes, datas, sempre dignos de memória (memoráveis). Os acontecimentos dignos de memória surgem através de um filtro de informações selecionadas quando se busca historiar os acontecimentos. Isso ocorre através de critérios e valores definidos pelo historiador (investigador dos acontecimentos e ações). Nesse sentido, é fundamental buscarmos sempre responder aos seguintes questionamentos: o quê? onde? quem? quando? Como?

Um fato histórico da Matemática é digno de memória quando exerce ou exerceu na sociedade uma função desencadeadora de uma série de acontecimentos matemáticos úteis à humanidade e que ainda podem gerar muito mais. O teorema de Pitágoras é um bom exemplo de um fato memorável, visto que, a partir de sua elaboração, desencadeou-se o estudo da distância, levando-se à criação do sistema de coordenadas, até a elaboração da geometria analítica, o que nos conduziu ao cálculo diferencial, provocando o aparecimento da análise, entre outros aspectos matemáticos investigados atualmente.

Há outro exemplo marcante na história da Matemática e que é também digno de memória. Trata-se do trabalho de Ptolomeu na determinação da sua tábua de cordas, gerando daí os estudos relacionados à corda e meia-corda (corda-metade) da circunferência, dando origem, portando, às razões trigonométricas. Na sua obra principal "O Almagesto", Ptolomeu apresenta as bases da sua astronomia, baseando-se para isso nos seus estudos de geometria e trigonometria. Seu trabalho subsidiou bastante os estudos que contribuíram para o progresso da astronomia moderna, bem como para a ampliação da trigonometria e da apresentação das funções complexas.

Se tratarmos, entretanto, de desenvolver uma pesquisa histórica em uma parte desses acontecimentos, tomaremos apenas um dos recortes do objeto dessa investigação, o que tornaria a nossa pesquisa um estudo ligado à história internalista, pois, nesse caso, trata-se de buscarmos obter informações de partes de um acontecimento memorável, de modo a obter subsídios históricos que nos levem a compreender plenamente esse acontecimento. Em se tratando das investigações ocorridas em uma perspectiva mais globalizante, a história é tratada como história holística, pois o objeto da investigação é tomado sem nenhum recorte, ou seja, de uma forma bruta, geral, onde todas as outras áreas do conhecimento estão envolvidas. Em sala de aula, essa abordagem pode ser desenvolvida através de projetos de investigação numa perspectiva de utilização da abordagem etnomatemática ou através de atividades de redescoberta, de modo a resgatar esses aspectos históricos para a construção dos conceitos matemáticos entre os estudantes de cada classe, numa perspectiva atual.

Histórias para o ensino da Matemática

É muito raro encontrarmos a história da Matemática nos livros didáticos utilizados por professores e estudantes do nível fundamental ou médio do sistema educacional brasileiro. Embora esses livros incluam, muitas vezes, certas informações históricas, tais informações geralmente falam sobre personagens históricas e acontecimentos que se constituem em algo meramente desnecessário à aquisição (geração/construção) de conhecimento matemático pelo estudante. É prudente que discutamos de que maneira a história poderá ser usada como um recurso favorável à construção das noções matemáticas pelos estudantes, durante as suas atividades escolares.

Podemos considerar, inicialmente, que o uso da história como recurso pedagógico tem como principal finalidade promover um ensino-aprendizagem da Matemática que permita uma ressignificação do conhecimento matemático produzido pela sociedade ao longo dos tempos. Com essa prática, acreditamos ser possível imprimir maior motivação e criatividade cognitiva às atividades de sala de aula durante nossa ação docente, pois esperamos que esse modo de encarar o ensino de Matemática possa constituir-se em um dos agentes provocadores de ruptura na prática tradicional educativa vivida até hoje nas aulas de Matemática.

Há, entretanto, uma variedade de abordagens originadas de pesquisas e reflexões teóricas que implicam em diversas modalidades de uso da história da Matemática para mobilizar saberes matemáticos em sala de aula, que, muitas vezes, apresentam vantagens na construção do conhecimento matemático pelos estudantes. Porém, não nos limitaremos, neste capítulo, a discutir o caráter motivador e gerador de conhecimento (construtivista), quase sempre enfatizado em textos que tratam sobre uma abordagem pedagógica para o ensino de Matemática, com apoio das informações sobre o desenvolvimento histórico da Matemática. Contudo, não significa que discordo dessas ou de outras abordagens que aqui poderei não mencionar. Tratarei de algumas das maneiras propostas para a utilização da história da Matemática no ensino, defendidas por estudiosos sobre o tema nas últimas décadas, que tem se reproduzido nas diversas dissertações e teses produzidas no Brasil, bem como em artigos que tratam do assunto.

A sociedade humana tem gerado, organizado, institucionalizado e disseminado informações que lhe possibilite a compreensão do mundo, buscando tornar possível, cada vez mais, a manipulação de todas as potencialidades existentes nesse mundo construído. Ao longo da história da nossa sociedade, as informações relacionadas com o saber-fazer foram interpretadas e reconhecidas através de algumas dimensões características desse processo.

Com relação às dimensões mencionadas no parágrafo anterior, Ubiratan D'Ambrosio (1997) as caracteriza como sensorial, intuitiva, emocional e racional. Podemos pressupor, então, que a sensibilidade, a intuição, a emoção e a razão interagem durante o processo de criação (construção) das ideias acerca do mundo, ou seja, da compreensão e da explicação sobre esse mundo.

Se tomamos essas dimensões como meios de canalização das informações da realidade construída, admitimos que o conhecimento escolar é atualmente difundido em desarticulação com tais dimensões. Isso se deve a uma grande desconexão entre as diferentes maneiras de compreender e explicar o mundo, causando, portanto, uma fragmentação no conhecimento gerado pela sociedade. Como resultado, temos uma compartimentalização do conhecimento, originando diferentes modos de resgatar acontecimentos dignos de memória que constituem a história do conhecimento construído pela humanidade.

Cabe-nos, porém, buscar alternativas de resposta para certas questões que definirão nossas reflexões sobre o tema abordado: a) como buscarmos as possíveis relações entre a história da Matemática e o ensino da Matemática?; b) que implicações pedagógicas podem surgir dessas relações?; c) como relacionar pedagogicamente o desenvolvimento histórico-epistemológico da Matemática na ação de ensinar para alcançar aprendizagens dos estudantes?; d) quais as possibilidades de estabelecer uma proposta de ensino que relacione a Matemática ao seu desenvolvimento histórico? A busca de respostas a essas questões nos impulsionam a discutir teoricamente e refletir sobre esse tema, visando propor subsídios teórico-práticos que contribuam para a melhoria do ensino de Matemática em nossas escolas. Para discutirmos sobre a importância da história da Matemática no ensino de Matemática, analisaremos alguns argumentos acerca da necessidade de uso da história da Matemática na sala de aula, bem como dos materiais históricos produzidos, que poderiam ser apropriados para a aprendizagem da Matemática escolar.

Em seu artigo *"Using history in mathematics education"*, John Fauvel (1991) aponta várias razões para se usar a história no ensino de Matemática: 1) a história aumenta a motivação para a aprendizagem da Matemática; 2) humaniza a Matemática; 3) mostra o seu desenvolvimento histórico através da ordenação e apresentação de tópicos no currículo; 4) os estudantes compreendem como os conceitos se desenvolveram; 5) contribui para as mudanças de percepções dos estudantes com relação à Matemática; 6) a comparação entre o antigo e o moderno estabelece os valores das técnicas modernas a partir do conhecimento desenvolvido ao longo da história da sociedade; 7) ajuda a desenvolver uma aproximação multicultural para a construção do conhecimento matemático; 8) suscita oportunidades para investigação matemática; 9) pode apontar os possíveis aspectos conceituais históricos da Matemática que dificultam a aprendizagem dos estudantes; 10) contribui para que os estudantes busquem no passado soluções matemáticas para o presente e projetem seus resultados no futuro; 11) ajuda a explicar o papel da Matemática na sociedade; 12) faz da Matemática um conhecimento menos assustador para os estudantes e comunidade em geral; 13) explora a história, ajudando a sustentar o interesse e satisfação dos estudantes; 14) fornece oportunidades para a realização de atividades extracurriculares que evidenciem trabalhos com outros professores e/ou outros assuntos (interdisciplinaridade da história da Matemática).

Todas as proposições apresentadas por Fauvel (1991) são essenciais para o uso da história no ensino de Matemática no nível médio, principalmente porque elas se mostram interconectadas de modo a dar significado tanto ao trabalho do professor quando à aprendizagem dos estudantes. As razões defendidas por Fauvel abordam amplamente os aspectos cotidiano, escolar e científico da Matemática, quando postas em prática na sala de aula. É claro que, para se alcançar várias dessas metas, é necessário que o professor, a escola e os estudantes assumam um novo papel com relação à Matemática, sua história, seu ensino e sua aprendizagem, tendo em vista a sua utilização por quem aprende.

Todavia, há determinadas razões mencionadas por Fauvel (1991) que deixam muito claro qual papel devemos assumir nesse processo atual de busca da história, como uma alternativa para a superação das dificuldades encontradas no ensino-aprendizagem da Matemática e na sua valorização como produto cultural. A concretização dessas proposições na aprendizagem dos estudantes depende principalmente do modo como a história é inserida na sala de aula.

Somos da opinião de que os estudantes podem vivenciar experiências manipulativas resgatadas das informações históricas, com vistas a desenvolver o seu espírito investigativo, sua curiosidade científica e suas habilidades matemáticas, de modo a alcançar sua autonomia intelectual, principalmente por percebermos que atualmente a escola está deixando cada vez mais de lado esses aspectos indispensáveis para uma educação integral e formadora de cidadãos pensantes.

Outros argumentos reforçadores da importância do uso pedagógico da história da Matemática são apontados por Fauvel e Maanen (2000) em um estudo a respeito de várias questões ligadas ao uso da história no ensino de Matemática. Nesse sentido, abordam diversos modos pelos quais o professor pode abordar significativamente a história nas aulas de Matemática. Esses pesquisadores admitem claramente a possibilidade do uso da história, mas lamentam o fato de que, embora essa ideia tenha surgido há bastante tempo, só agora alguns professores tentam incorporá-la nas suas atividades de ensino.

Eles defendem o papel pedagógico da história da Matemática de acordo com o nível educacional dos estudantes, pois tanto os estudantes do nível elementar como os universitários têm necessidades e possibilidades diferentes de aprendizagem. Assim, a história poderá ser abordada nesses níveis, desde que os professores de cada nível sejam preparados adequadamente para usar a história da Matemática imbricada na Matemática ensinada. Para que isso ocorra, é necessário que os professores universitários adquiram uma postura construtiva de uso da história da Matemática na sala de aula. A partir daí será possível educar seus estudantes no sentido de utilizar essa prática no ensino fundamental ou médio. Esse aspecto abordado por Fauvel e Maanen é um dos pontos que consideramos bastante decisivo na utilização da história no ensino da Matemática escolar.

Quando avaliam em qual nível escolar a história da Matemática contribuirá para que o assunto ensinado se torne pertinente, Fauvel e Maanen (2000) consideram importante distinguir em quais assuntos do currículo se deve ou não usar a história no ensino da Matemática. Eles acreditam que o ensino da história da Matemática deve ser abordado em uma sessão menor de cada curso. Talvez um curso de história da Matemática para uso em sala de aula deva ser incluído em cursos de formação de professores de Matemática. Há ainda uma terceira abordagem: a história da Educação Matemática, que é um tipo bastante diferente de história, mas que se constitui em um elemento importante na formação do professor de Matemática.

Nesse caso, defendem a existência de uma disciplina obrigatória no curso de formação do professor de Matemática, apontando em três direções: a história dos tópicos matemáticos; a história da matemática a ser usada em sala de aula, e a história da Educação Matemática. Para uma efetivação dessa proposta, é necessário, entretanto, que se reformule a maioria das grades curriculares dos cursos de licenciatura em Matemática existentes no Brasil, visto que poucos adotam a disciplina história da Matemática, quer seja de forma opcional ou obrigatória.

A esse respeito, questionam também sobre as funções particulares da história no curso de formação de professores de Matemática. Eles acreditam que a história da Matemática pode representar um papel especialmente importante na formação dos estudantes de licenciatura em Matemática, bem como para professores que já estão atuando em sala de aula, desde que seja através de formação continuada. Afirmam, ainda, que há várias razões para se incluir um componente histórico nessa formação continuada. Uma delas é promover o interesse pela Matemática, permitindo aos estudantes se verem diferentemente, verem a Matemática diferentemente, e desenvolverem habilidades de leitura, uso de biblioteca e produção escrita, que podem ser negligenciadas nos cursos de Matemática. É necessário, entretanto, distinguir essa formação em serviço, de acordo com os níveis em que tais professores atuam: ensino fundamental, médio ou superior.

A respeito do tipo de relação que há ou haverá entre os historiadores da Matemática e os professores, cuja preocupação principal é o uso da história da Matemática no ensino de Matemática, Fauvel e Maanen (2000) lançam um enfoque profissional, admitindo que ela emerge da própria comunidade de educadores matemáticos. Afirmam, portanto, que há um grande número de historiadores da matemática interessados nos aspectos educacionais dessa história, assim como há os matemáticos e educadores matemáticos que estão conduzindo seu interesse diretamente para a história. Certos historiadores, por exemplo, podem menosprezar o professor pela sua dificuldade em transmitir o conhecimento histórico para o estudante durante uma atividade produtiva de sala de aula. É importante que os historiadores e educadores matemáticos trabalhem conjuntamente, desde a aprendizagem histórica até a experiência de sala de aula, sempre em um nível apropriado para cada grupo de estudantes.

Fauvel e Maanen (2000) abordaram também as relações entre as funções atribuídas à história da Matemática e aos modos de introduzi-las ou usá-las no ensino de Matemática, apontando que tal assunto foi enfocado bastante durante as últimas décadas, resultando no surgimento de diversos modos para a introdução ou incorporação de uma dimensão histórica no ensino da Matemática. O uso de fontes primárias (textos originais) e a história narrativa são usados, por exemplo, para mudar a imagem da Matemática e humanizá-la.

Entendemos, no entanto, que essa história narrativa não contribui para que a Matemática transmita uma imagem humana para o estudante. Tampouco contribui para a construção de noções matemáticas. Há assuntos ricos que, contextualizados historicamente, podem ser úteis nas discussões de sala de aula, além de se constituírem em fonte de pesquisa. O uso de fontes primárias nas aulas de Matemática, de acordo com os níveis apropriados, poderá, portanto, desencadear ricos estudos bibliográficos ou documentais que subsidiarão a construção da Matemática escolar pelo estudante, independentemente do nível que esteja.

Fauvel e Maanen (2000) afirmam, também, que as contribuições do uso da história no ensino da Matemática serão alcançadas a longo prazo, principalmente porque há oportunidades maiores para os modos experimentais de uso da história. Acreditamos que a experiência pode ser ampliada para desenvolver nos estudantes habilidades de pesquisa, tais como a elaboração e o uso de atividades investigatórias, aumentando seu interesse pela Matemática. Para que isso ocorra, os professores devem prever melhor o encaminhamento investigatório de cada atividade, podendo inclusive apoiar os estudantes em experiências extraclasse.

Com relação ao uso da história da Matemática na investigação em Educação Matemática, Fauvel e Maanen (2000) consideram como uma oportunidade para a exploração das relações entre a história da Matemática e os pesquisadores em Educação Matemática, de modo a propor alternativas para o processo de ensino-aprendizagem da Matemática. O principal objetivo é que a história da Matemática contribua para que professores e estudantes entendam e superem as fraturas epistemológicas surgidas no desenvolvimento da compreensão matemática, ou seja, trata-se de buscar na história os porquês matemáticos, de modo a utilizá-los na superação dos obstáculos cognitivos surgidos no desenvolvimento da Matemática escolar.

Algumas questões referentes à eficácia da perspectiva histórica no ensino de Matemática foram o foco do trabalho de Piaget & Garcia (1987), apoiados nos argumentos de Poincaré e Félix Klein. Trata-se da concepção filogenética, na qual o desenvolvimento matemático do indivíduo relaciona-se com a história do desenvolvimento da Matemática, implicando com isso que a ontogênese recapitula a filogênese. Neste capítulo, entretanto, não discutiremos tais concepções. Nossa principal finalidade é argumentar favoravelmente acerca das possibilidades pedagógicas da história aliada às atividades investigatórias, nas quais o estudante posiciona-se como um pesquisador em busca do conhecimento que pretende construir. Todavia, vale mencionar que Piaget & Garcia (1987) procuraram investigar as etapas de aquisição dos conceitos matemáticos através da relação entre a evolução histórica da ciência e o desenvolvimento cognitivo do estudante.

Nesse sentido, Miguel (1993) desenvolveu um estudo sobre esses aspectos. Trata-se de sua tese doutoral intitulada "Três estudos sobre história e educação matemática", na qual o autor discute a relação entre a história da Matemática e a Educação Matemática, explicita e fundamenta seus pontos de vista acerca da história como um recurso pedagógico adicional e potencialmente rico no ensino-aprendizagem da Matemática. Aponta ainda a necessidade de se resgatar a Educação Matemática na história e, por fim, apresenta e discute um *estudo histórico-pedagógico-temático*[23] sobre números irracionais, mostrando como a história pode operar em nível temático bastante específico da Matemática e reve-

---

[23] Essa é a denominação dada por Miguel (1993) a um módulo didático proposto por ele, para o ensino-aprendizagem dos números irracionais.

A História como um agente de cognição na Educação Matemática **107**

lar todo o seu potencial cultural, humano e educativo mais amplo. Abordaremos, a seguir, alguns aspectos que consideramos relevantes para a nossa discussão, extraídos do primeiro e terceiro estudos.

No primeiro estudo, Miguel (1993) analisa os diferentes papéis pedagógicos atribuídos à história, por matemáticos, historiadores da Matemática e educadores matemáticos, objetivando explicitar as razões pedagógicas que justificam o uso da história no ensino e na aprendizagem da Matemática, e quais justificativas esses autores apresentam para recorrer à história no ensino de Matemática. Caracteriza as diversas formas de utilização da história na aprendizagem da Matemática, oportunizando, tanto aos pesquisadores dessa área quanto aos professores e estudantes, o acesso a um corpo de possibilidades pedagógicas, dentre as quais mencionamos: a motivação; a determinação de objetivos de ensino; a recreação; a desmistificação; a formalização; a dialética; a unificação da Matemática; a conscientização; a significação; a cultura, e a epistemologia.

A história como uma fonte de motivação para a aprendizagem da Matemática é considerada imprescindível para que as atividades de sala de aula se tornem atraentes e despertem o interesse dos estudantes para a Matemática. O caráter motivador deve estar presente também nas atividades contidas nos livros didáticos, devendo configurar-se concretamente na ação docente.

Quanto à determinação de objetivos de ensino, a história se configura como uma fonte de seleção de objetivos adequados aos procedimentos de ensino, de modo a contribuir diretamente com o trabalho do professor, se ele estabelecer continuamente um aprofundamento acerca dos aspectos históricos do assunto que vai ensinar em cada série que atua. Isso porque os objetivos previstos em seu planejamento de ensino deverão estar diretamente relacionados com os aspectos construtivos presentes no desenvolvimento histórico do conteúdo abordado. Dessa forma, o desenvolvimento da Matemática escolar se apoiará diretamente nas informações históricas e nos objetivos definidos a partir dela.

Em se tratando da fonte de recreação, consideramos que a história da Matemática se efetiva através de atividades lúdicas e heurísticas incorporadas às atividades de sala de aula. Trata-se de mais uma alternativa para tornar as aulas mais agradáveis, motivadoras e desafiadoras da capacidade imaginativa do estudante. Ademais, a Matemática passa a ser revestida de muita dinâmica criativa, dependendo, para isso, do empenho do professor. Por outro lado, seu uso pedagógico deve ser realizado com cautela para que os estudantes não o interpretem apenas como sinônimo de diversão. Vale lembrar que os aspectos recreativos e lúdicos devem ser incorporados ao ensino-aprendizagem da Matemática, sempre em uma perspectiva investigativa e construtiva do conhecimento escolar, principalmente porque surgem dos aspectos históricos do cotidiano de diversas sociedades antigas ou mesmo atuais, o que pode fomentar a imaginação matemática tão ausente das atividades escolares.

A respeito da desmistificação, a história exerce uma influência decisiva na Matemática escolar, pois pode ser usada para desvelar as outras faces da Matemática e, com isso, mostrar que ela é um conhecimento estruturalmente humano, que pode ser acessível a todos, na medida em que as atividades matemáticas educativas desenvolvidas dentro da escola ou fora dela se mostrem de forma clara, simples e sem mistérios, buscando sempre o crescimento integral da sociedade humana.

A respeito da formalização dos conceitos matemáticos, podemos considerar que a história da Matemática possibilita a sua representação a partir dos aspectos ligados ao desenvolvimento cognitivo do estudante. Para que isso ocorra, é necessário que o professor e os estudantes conheçam e compreendam as diversas formalizações presentes no desenvolvimento histórico dos conceitos matemáticos abordados durante o processo ensino-aprendizagem. Além disso, a formalização descrita pelos aspectos históricos de cada conceito estudado deve deixar transparecer a viabilidade e adaptabilidade de cada conceito, de acordo com o momento histórico. Caso contrário, os estudantes poderão estranhar as mudanças conceituais ocorridas ao longo do tempo, o que poderá dificultar a compreensão das ideias discutidas na sala de aula.

Quanto à dialética, a história pode exercer tal função na construção da Matemática escolar se o seu uso no ensino-aprendizagem da Matemática contribuir para que os estudantes construam seu pensamento numa perspectiva independente e crítica acerca da construção histórica da Matemática. Isso significa que eles passam a analisar os objetivos da criação e difusão das ideias matemáticas em cada contexto espacial e temporal, tendo em vista os interesses políticos, sociais e culturais de quem constrói esse conhecimento.

A história como fonte de significação constitui-se em uma função importante para o ensino de Matemática promover uma aprendizagem significativa e compreensiva da Matemática escolar através da história. É uma das funções de maior interesse para a abordagem proposta por nós, visto que, através desse tipo de encaminhamento didático, é possível contribuir para que os estudantes alcancem uma aprendizagem integral e ampla da Matemática escolar, ou seja, desenvolvam uma compreensão relacional dos conceitos matemáticos estudados. É a partir dos significados históricos que será possível estabelecermos uma conexão construtiva entre os aspectos cotidiano, escolar e científico da Matemática, de modo fazer com que os estudantes passem a observar o seu contexto cotidiano e compreendam a Matemática que está sendo feita hoje, de acordo com o momento histórico atual.

A história como fonte de cultura constitui-se em uma função pedagógica através da qual se procura resgatar a identidade cultural da sociedade usando a história da Matemática. Ela está presente fortemente nos trabalhos ligados à história e à etnomatemática, desenvolvidos, por exemplo, por Paulus Gerdes (1991; 1992; 1998 e 1999); Teresa Vergani (1990; 1991; 1993; 1995); Marcia Ascher e Robert Ascher (1981), e Claudia Zaslavsky (1973). A história como forma de resgate da cultura pode contribuir para que os estudantes estabeleçam ricas conexões entre os aspectos cotidiano, escolar e científico da Matemática, ou seja, através desse tipo de abordagem histórica levada às atividades escolares, será possível valorizarmos os saberes matemáticos da tradição e a capacidade matemática criativa da sociedade em todos os tempos.

No seu terceiro estudo, Miguel (1993) apresenta e discute seu *estudo histórico-pedagógico-temático*[24] sobre os números irracionais, para mostrar concretamente como a história pode operar em um nível temático bastante específico da Matemática e revelar todo o seu potencial cultural, humano e educativo mais amplo, caracterizando-se como um terceiro modo da história relacionar-se com a Educação Matemática. Não obstante, para o autor, a história não se restringe a isso, pois se, por um

---

[24] Para maiores detalhes sobre esse estudo, ver a tese do autor ou consultar o livro *História da Matemática em atividades didáticas*, autoria coletiva de Antonio Miguel, Arlete de Jesus Brito, Dione Lucchesi de Carvalho e Iran Abreu Mendes, publicado pela editora da UFRN em 2005 e republicado (2ª edição) pelo Editora Livraria da Física em 2009.

lado, ela é um instrumento de compreensão e avaliação, pode, por outro, ser um instrumento de superação e (re)orientação das formas de ação. Seu objetivo é superar o contraste existente entre o modo clássico e estéril de se apresentar os números irracionais e a enorme dosagem imaginativa, ousada e sutil presente no desenvolvimento histórico desse saber matemático.

Nesse movimento ativo-reflexivo, Miguel (1993) construiu sua unidade de ensino sobre os números irracionais, composta de 44 atividades que sempre mantêm relação com os aspectos históricos do tema. Todavia, é na parte final do referido estudo que notamos a presença dos exercícios algorítmicos, nos quais os estudantes devem exercitar as outras componentes da atividade matemática proposta por Fischbein (1987). Podemos relacionar o encaminhamento dado por Miguel (1993) com o modelo de Dockweiler (1996), se considerarmos que as primeiras atividades abordam aspectos mais conceituais sobre os números irracionais, relacionando-os aos diversos contextos em que estão inseridos. As atividades seguintes, por sua vez, tratam do exercício desses aspectos e suas conexões com outros aspectos da própria Matemática, até desencadear na operacionalização com radicais.

A riqueza com a qual Miguel (1993) reveste suas atividades está apoiada nas diversas formas de utilização da história, apresentadas em seu primeiro estudo, pois se configuram na concretização de toda a sua argumentação teórica anterior. O diálogo entre os dois estudos anteriores se concretiza à medida em que Miguel lança mão dos diferentes aspectos da história para contextualizar as noções matemáticas que propõe abordar. Isso fica muito evidente quando busca os aspectos pitagóricos que envolvem os racionais, os aspectos culturais da etnomatemática histórica, presentes nos estudos de Paulus Gerdes, passando ainda por outros aspectos contidos nos trabalhos dos historiadores que abordam o referido tema.

O texto histórico elaborado por Miguel (1993) se caracteriza por uma amplitude contextual que dá ao estudante uma visão ao mesmo tempo singular e universalizante do tópico matemático abordado na referida unidade de ensino. Trata-se de uma proposta efetivamente viável de ser disseminada no ensino fundamental, visto tratar amplamente o assunto a que se propõe. Compreendemos que as argumentações de Miguel podem provocar nos estudantes uma habilidade que consideramos decisiva na sua formação educativa: o espírito investigador, a autonomia do estudante na busca de um conhecimento matemático com significado.

O uso da história da Matemática em sala de aula deve ser revestido de um significado contextual, formativo e conscientizador. Em um artigo intitulado "O uso da história da Matemática em sala de aula", Ferreira (1998) considera que a utilização da história da Matemática como recurso didático é imprescindível, pois vai além de um mero elemento motivador nas aulas de Matemática, ou seja, constitui-se em um fator justificante para os porquês conceituais e teóricos da Matemática que devem ser aprendidos pelos estudantes. Quanto à sua presença no processo ensino e de aprendizagem, Ferreira tem posição similar à de Fossa (1995), pois ambos admitem o uso das informações históricas em pequenos textos introdutórios para se iniciar o capítulo de um livro didático ou nas aulas de Matemática, embora não considerem esse tipo de abordagem muito eficaz. A diferença de posição entre os dois é que o primeiro propõe que se use a ordem histórica da construção matemática para facilitar uma melhor assimilação durante a reconstrução teórica, enquanto o segundo aposta no desenvolvimento de atividades que, centradas na reconstrução histórica dos conceitos matemáticos, possam subsidiar o processo de geração do conhecimento matemático escolar, dependente ou não da ordem histórica. O mais importante, nesse sentido, é o valor cognitivo da história quando conjugada ao aspecto construtivo da atividade de ensino.

Miguel (1993, p. 158) também considera decisivo esse caráter dado ao uso da história da Matemática no ensino. Para ele, "a história, apenas quando devidamente reconstituída com fins pedagógicos e organicamente articulada com as demais variáveis que intervêm no processo de planejamento didático, pode e deve desempenhar um papel subsidiário em Educação Matemática". Todavia, Ferreira (1998) afirma que é no sentido de reconstrução conceitual que a história da Matemática tem seu valor cognitivo importante, tendo em vista que a história é um fator também imprescindível na formalização dos conceitos.

Ferreira (1998) afirma, ainda, que um dos obstáculos para o uso da história é a própria concepção de Matemática, ou seja, como esse saber constitui-se de conteúdo e forma. Compreendemos, entretanto, que um gera o outro e vice-versa, isto é, o modo como a forma toma um lugar de destaque nesse conhecimento[25]. A busca de uma forma mais rigorosa no sentido histórico tem sido um fator de preocupação constante dos matemáticos. Mas, "tornando-se rigorosa, a Matemática também se torna artificial; ela esquece de suas origens históricas. Vê-se como as questões se podem resolver, mas já não se vê como e porque elas se formularam" (Poincaré *apud* Prado, 1990, p. 28). Isso significa que a falta de esclarecimento acerca da origem e do porquê desse formalismo matemático configura-se em um dos obstáculos a serem superados pelos professores e pelos estudantes durante as atividades realizadas em sala de aula.

Interpretamos que a falta de informações sobre o desenvolvimento histórico da Matemática e de propostas metodológicas para a sua utilização no ensino da Matemática escolar são algumas das dificuldades enfrentadas pelos professores que desejam usar a história da Matemática na sala de aula. Isso porque não existe uma história da Matemática exclusivamente centrada no aspecto escolar da Matemática, mas uma história da Matemática feita pelos historiadores, preocupados com o contexto científico da Matemática.

No nosso entendimento, a história a ser usada no ensino fundamental e médio deve ser, de certo modo, uma "história-significado" ou uma "história-reflexiva", ou seja, uma história cuja finalidade é dar significado ao tópico matemático estudado pelos estudantes, levando-os a refletir amplamente sobre tais informações históricas, de modo a estabelecer conexões entre os aspectos cotidiano, escolar e científico da Matemática presente nessa história. Na verdade, queremos propor uma abordagem histórica que provoque no estudante uma reformulação da problematização histórica para o momento atual, considerando para isso o contexto em que ele está inserido.

Conforme Ferreira (1998), a utilização da história dos conteúdos matemáticos como recurso didático é imprescindível. O desenvolvimento histórico não só serve como elemento de motivação, mas também como fator de melhor esclarecimento do sentido dos conceitos e das teorias estudadas. Não se trata de fazer uma referência histórica de duas linhas ao iniciar um capítulo, mas de realmente usar a ordem histórica como eixo central da construção matemática para facilitar uma melhor

---

[25] Para maiores esclarecimentos, ver Mendes (2001b).

assimilação durante a reconstrução teórica. Para Ferreira, os conceitos e noções da Matemática tiveram uma ordem de construção histórica e esse decurso concreto põe em evidência os obstáculos que surgiram em sua edificação e compreensão.

Isso significa que um estudo acerca da história da Matemática requer um entendimento profundo da própria Matemática, para que assim seja garantido o significado desse estudo. Se os professores não conhecem a história o bastante para avaliar isso, os estudantes ignorarão a importância desse conhecimento. Para ilustrar nossa posição a esse respeito, vale mencionarmos nossa experiência realizada com professores de Matemática durante dois anos (Mendes, 1997). Através dessas experiências, percebemos o quanto foi necessário um conhecimento mais profundo sobre história da Matemática para que os professores, de fato, pudessem entender que Matemática deveriam ensinar e como deveriam ensinar aos seus estudantes.

Das modalidades de uso da história no ensino da Matemática, apresentadas e comentadas neste capítulo, acreditamos que há uma certa conexão entre elas, visto que a maioria tem sempre o objetivo de subsidiar uma aprendizagem significativa da Matemática escolar. Desse modo, é possível nos aliarmos a algumas que convergem para o eixo norteador da proposta que defendemos sobre o ensino de Matemática apoiado pela história da Matemática.

Um bom exemplo do que mencionamos anteriormente é a leitura e discussão de textos referentes à história da Matemática. Essa dinâmica justifica a introdução de uma perspectiva histórica e investigativa na aprendizagem matemática, permitindo tanto ao professor quanto ao estudante compreender a natureza da atividade matemática. Com isso, eles poderão apropriar-se dos conceitos filosóficos que estão presentes nesses textos, mudando, assim, sua imagem acerca da Matemática como conhecimento pronto e acabado, o que lhes permite interpretar essa prática como uma atividade educativa.

Para a aprendizagem matemática, a sala de aula pode ser considerada como um microcosmo de Matemática, como um redemoinho cultural, posto que ilustra uma aproximação humanística, com atividades e discussões. Nesse sentido, a história da Matemática pode informar estudantes e professores sobre o contexto sociocultural da Matemática, e ajudá-los a decidir que posição defendem em debates sobre isso.

Em nossa experiência com estudantes do ensino médio, conseguimos partir das informações históricas para subsidiar uma discussão teórica acerca da trigonometria, mostrando os diversos aspectos socioculturais que envolvem esse tópico matemático ao longo do seu desenvolvimento histórico. As atividades desenvolvidas com os estudantes fizeram com que eles olhassem a trigonometria sob outro ponto de vista que não fosse aquele exclusivamente matemático. As leituras, discussões e práticas realizadas deram-lhes a oportunidade de alcançar uma aprendizagem matemática na qual a compreensão relacional se estabeleceu durante o desenvolvimento das atividades propostas.

O estabelecimento de um diálogo originado pelas informações históricas sobre a trigonometria fez com que os estudantes refletissem com mais profundidade acerca dos aspectos cotidiano, escolar e científico que envolviam o tópico matemático abordado nas atividades. Com isso, foi possível dar-lhes a oportunidade de imaginar mais, levantar e testar hipóteses durante a realização dos exercícios propostos nos livros didáticos, assim como na resolução dos problemas propostos a eles.

Além de tudo o que já foi apresentado aqui, é importante mencionarmos também que, para recuperar o caráter gerador e motivador no ensino e aprendizagem matemática, pode-se recorrer às fontes originais por duas razões: para aproximar os estudantes da experiência de construção matemática (conhecimento histórico e cotidiano), e iniciá-los de modo prazeroso no mundo da Matemática como ciência (conhecimento escolar e científico). Assim, a sala de aula transforma-se em um meio dinâmico de investigação/pesquisa (experiência) sobre o conhecimento matemático escolar.

É necessário, porém, que a escola inicie, mesmo com um certo atraso, o desenvolvimento de uma prática docente centrada no uso de atividades voltadas ao ensino de Matemática, que tenha como fio condutor a investigação dos aspectos históricos de cada tópico a ser aprendido, buscando sempre estabelecer uma aproximação sociocultural da Matemática, principalmente considerando a perspectiva da transdisciplinaridade configurada pela história da Matemática.

A investigação histórica como agente da cognição matemática na sala de aula

Nossa concepção a respeito da investigação histórica, como um modelo teórico de apoio à elaboração de atividades didáticas para o ensino da Matemática, baseia-se na história e na investigação como fonte de geração da Matemática escolar. Para que seja possível implementar essa perspectiva teórico-prática, é importante valorizarmos e adaptarmos as informações históricas às nossas necessidades, de modo que o seu uso seja o mais produtivo possível na sala de aula.

Na busca de tecer uma teia de ideias que configurem o *corpus* teórico dessa perspectiva teórico-prática, surge uma questão: como usaremos a história da Matemática na geração da Matemática escolar? A nossa resposta é constituída de um argumento favorável ao uso investigativo da história como agente fomentador do ato cognitivo em sala de aula, desde que seja configurado na forma de atividade para o estudante. Nesse sentido, algumas das fontes atribuídas à história evidenciam valorosas implicações pedagógicas para uma abordagem dinâmica das informações históricas na sala de aula.

O princípio que articula as atividades de ensino aprendizagem via história da Matemática é a investigação, constituindo-se no sustentáculo da proposta, fruto das nossas reflexões sobre esse tema. Consideramos que o uso desse processo investigativo nas aulas de Matemática pressupõe a valorização do saber e do fazer históricos na ação cognitiva dos estudantes.

O estabelecimento de um diálogo entre os aspectos cotidiano, escolar e científico da Matemática através dessa perspectiva deve ser priorizado nas atividades de sala de aula, pois se constitui no suporte teórico do modelo que propomos e se estabelece na incorporação da investigação como uma atividade matemática e de educação científica por excelência que, aliada à história, torna-se uma fonte de orientação para a geração da matemática escolar pelos estudantes.

O modelo proposto por nós preserva os princípios defendidos por Dockweiler (1996); Skemp (1976, 1980), e Fossa (2001) com relação às características das atividades para o ensino da Matemática, bem como aqueles apresentados por Miguel (1993); Fauvel (1991); Fauvel e Maanen

(2000), e Ferreira (1998), quando propõem sugestões de uso da história no ensino da Matemática. Desses princípios e conexões teóricas surge um modelo de atividades para o ensino de Matemática contendo as características teóricas dos dois eixos estruturais que o geraram: a investigação e a problematização evidenciada na história da Matemática.

Investigação histórica no ensino da Matemática

Um dos obstáculos imediatos ao sucesso do ensino-aprendizagem da Matemática diz respeito ao desinteresse dos estudantes com relação ao modo como a Matemática é apresentada em sala de aula. Nesse sentido, eles consideram que uma das melhores maneiras de se aprender Matemática, na sala de aula hoje, é através de um ensino mais prático, dinâmico e investigativo por parte do professor, que envolva os estudantes, de modo que lancem mão de interrogações provocativas, brincadeiras, atividades práticas e experimentações, todas extraídas de contextos históricos referentes aos temas matemáticos a serem abordados pelo professor.

Outro obstáculo a ser superado refere-se às indagações que costumeiramente ouvimos dos estudantes, quanto aos porquês matemáticos relacionados aos tópicos abordados em sala de aula, pois costumeiramente eles levantam questões relacionadas aos porquês do modo como determinados tópicos são apresentados, considerando que não conseguem perceber qualquer familiaridade cotidiana ou justificativa convincente para os aspectos matemáticos apresentados durante as aulas de Matemática.

A história pode ser nossa grande aliada quanto à explicação desses porquês, desde que possamos incorporar às atividades de ensino-aprendizagem a dinâmica investigatória ligada aos aspectos históricos necessários à solução desse obstáculo. Tais informações históricas devem, certamente, passar por adaptações pedagógicas que, conforme os objetivos almejados, podem se configurar em atividades a serem desenvolvidas em sala de aula ou fora dela (extraclasse). Além disso, devem recorrer a materiais manipulativos sempre que necessário, sem perder de vista que a aprendizagem deve ser alcançada a partir das experiências e reflexões dos próprios estudantes. Todavia, devem possuir uma carga muito forte de aspectos provocadores da criatividade imaginativa dos estudantes, bem como de fortes indícios dos aspectos socioculturais que geraram a construção dos tópicos matemáticos abordados na atividade.

Para que o ensino de Matemática alcance esses objetivos, proporcionando aos estudantes oportunidades de desenvolverem habilidades e conhecimentos úteis e que os preparem, como pessoas comuns, para terem uma compreensão relacional do conhecimento matemático ensinado na escola, é necessária a utilização de uma metodologia que valorize a ação docente do professor, através de um ensino que viabilize o desenvolvimento do pensamento matemático avançado no estudante, considerando o processo de desenvolvimento do raciocínio matemático (Dreyfus, 1991) e as características de desenvolvimento da atividade Matemática produtiva (Fischbein, 1987).

Desse modo, os estudantes passam de meros espectadores para se posicionarem como criadores ativos, não na perspectiva de serem cientistas ou técnicos, mas em uma posição em que participem, compreendam e até questionem o próprio conhecimento matemático escolar. Isso é possível se for respeitado o desenvolvimento físico e mental desses estudantes, suas necessidades e interesses (aspectos socioculturais e biológicos da construção do conhecimento). Nesse sentido, há necessidade de inserir nas aulas uma dinâmica experimental investigativa, adotando como base a pesquisa o princípio científico e educativo, como fator formativo dos estudantes e fazê-los sentir a importância da Matemática na compreensão do mundo.

O professor deve propor situações que conduzam os estudantes à problematização do conhecimento mediante o levantamento e testagem de suas hipóteses referentes a alguns problemas investigados, através de explorações indagativas. Nessa perspectiva metodológica, espera-se que eles aprendam o "quê" e o "porquê" fazem/sabem desta ou daquela maneira, para que assim possam ser criativos, críticos, pensar com acerto, colher informações por si mesmos face à observação concreta e usar o conhecimento com eficiência na solução dos problemas do cotidiano. Essa prática oportuniza ao estudante construir sua aprendizagem mediante a aquisição de conhecimentos, sustentada pela interpretação e incorporação de princípios matemáticos extraídos do conhecimento histórico.

Esse tipo de abordagem metodológica permite aos estudantes levantarem hipóteses e interpretá-las, para depois discuti-las em classe com o professor e colegas. Mesmo que a escola não ofereça condições materiais desejáveis para o exercício dessa prática, não se justifica a omissão do professor, pois é necessário tentarmos melhorar de alguma forma a qualidade do ensino adaptada às condições da escola e ao nível de seus estudantes.

É importante, portanto, refletirmos em relação a uma forma de ensinar Matemática concretamente, visando quebrar os esquemas tradicionais historicamente instituídos nas práticas docentes e oferecer aos estudantes oportunidades investigativas que possam suprir suas dificuldades, estimulando-os ao desenvolvimento de habilidades investigativas em sua formação educacional. É a partir do contato com problematizações, quer sejam materiais ou não, que os estudantes podem ampliar o seu domínio cognitivo. Por isso, nos cabe propor e testar estratégias que despertem a atenção dos estudantes, trabalhando com exemplos práticos e concretos, sempre aproveitando seus conhecimentos prévios e partir de sua realidade construída.

A viabilidade dessa concepção de ensino via história e investigação conduz o professor à compreensão do contexto sociocultural e histórico da Matemática, de modo que seja possível inseri-lo no contexto de sala de aula. Essa retomada histórica da Matemática visa relacioná-la à dinâmica problematizadora característica da sociedade atual, o que evidencia o caráter gerativo do conhecimento.

Nessa perspectiva, cremos que o conhecimento histórico contribui para que os estudantes reflitam sobre a formalização das leis matemáticas a partir de certas propriedades e artifícios usados hoje, e que foram construídos em períodos anteriores ao que vivemos. Uma orientação sólida por parte do professor, a esse respeito, poderá oportunizar aos estudantes uma compreensão mais ampla das propriedades, teoremas e aplicações da Matemática, na solução de problemas que exijam deles algum conhecimento sobre esse assunto.

Quando utilizamos a história associada ao aspecto cotidiano da Matemática, buscando conduzir o estudante à Matemática escolar até mostrar-lhe o caráter científico desse conhecimento, conseguimos desenvolver uma abordagem de ensino que relaciona o desenvolvimento epistemológico da Matemática com a sua história. Essa talvez seja uma maneira significativa de utilização pedagógica da história no ensino da Matemática. Um dos modos de discutirmos os contextos cotidiano, escolar e científico da produção matemática pressupõe o resgate e/ou o estabelecimento de possíveis relações entre a história da Matemática e o conhecimento produzido por diferentes grupos socioculturais, em diferentes momentos da existência humana no planeta.

Esse modo de usar a história da Matemática em sala de aula não pressupõe que o professor deva pedir que os estudantes refaçam os principais passos dos processos de construção de um conceito matemático, de acordo com a formulação da época em que o referido conceito foi construído, pois esse é um modo estático de trazer a história para a sala de aula e pode gerar um problema maior (anacronismo[26]), ao invés de solucionar os que já existem. O professor deve, portanto, utilizar a história de um modo mais aliado às condições reais em que os estudantes se encontram, ou seja, a partir da incorporação dos aspectos socioculturais pelos quais os estudantes compreendem e explicam a sua realidade.

Um exemplo dessa reformulação histórica, consoante os objetivos do ensino da Matemática, se concretiza quando apresentamos aos estudantes uma narrativa histórica sobre os aspectos conceituais envolvendo Ptolomeu e seus estudos sobre as cordas da circunferência. Nossa principal finalidade não é apenas apresentar um texto com informações sobre o desenvolvimento matemático por meio de fatos históricos em si. O que pretendemos, na verdade, é fazer com que os estudantes percebam nas informações apresentadas o caráter investigatório presente nessa narrativa de modo que, através dela, eles procurem formular as relações matemáticas que justificam o surgimento das razões trigonométricas, a partir da exploração de certas propriedades matemáticas presentes, tais como: semelhança de triângulos, paralelismo, proporcionalidade, entre outros princípios geométricos que conduzem à noção de seno de um ângulo, como a razão entre o cateto oposto a um ângulo agudo e a hipotenusa do triângulo retângulo.

---

[26] Sobre anacronismo na interpretação de textos matemáticos, ver Anachronisms in the History of Mathematics: essays on the Historical Interpretation of Mathematical Texts, editado por Niccolò Guicciardini (2021).

Da mesma maneira, nos valemos da narrativa histórica para que os estudantes retomem os aspectos históricos relacionados ao teorema de Pitágoras e suas conexões com o estudo das cordas da circunferência, de modo a verificar a existência de uma propriedade fundamental da trigonometria[27], pois é através da leitura e discussão dos aspectos matemáticos presentes nas informações históricas, referentes tanto ao teorema mencionado quanto ao estudo das cordas, que eles conseguirão verificar essa propriedade, bem como a sua validade matemática. Ao final desse processo ativo-reflexivo, os envolvidos conseguem estabelecer matematicamente a propriedade fundamental da trigonometria:

$$sen^2\alpha + cos^2 \alpha = 1.$$

A exploração desses aspectos matemáticos resgatados das informações históricas possibilita aos estudantes a ampliação e a compreensão das noções básicas das razões trigonométricas, até o estabelecimento das funções trigonométricas no sistema de coordenadas representado pelos eixos seno e cosseno. As atividades possibilitam uma discussão entre o professor e a classe ou somente entre os estudantes e, certamente, favorecem uma compreensão plena dessas noções trigonométricas, principalmente a partir da experiência física ou visual até a simbolização.

Podemos, portanto, argumentar favoravelmente à inserção dos aspectos históricos nas aulas de Matemática, considerando que a geração de conhecimento por meio da investigação histórica pressupõe um estudo sobre o desenvolvimento histórico-epistemológico de um tópico da Matemática; seguido de uma reorganização adaptativa para as condições didáticas de uso em sala de aula, de modo a exercer uma ação cognitiva na aprendizagem dos estudantes. Esse conhecimento, produzido na escola, será compreendido pelos estudantes a partir da problematização de informações do passado, e ressignificado de acordo com a contextualização sociocultural que reveste essas informações históricas. Essa reformulação passa, então, a significar um reconhecimento da história da Matemática como produto social, cultural e científico da humanidade.

---

[27] Significa ser própria da trigonometria, ou seja, emerge do próprio desenvolvimento matemático formulado no espaço-tempo histórico. Como exemplo, podemos citar a relação $sen^2 x + cos^2 x = 1$, onde x é considerado um arco ou ângulo adotado para verificar tal relação.

Um modelo de atividades históricas para ensinar Matemática

O uso de atividades como recurso para a aprendizagem matemática, geralmente é desenvolvido nas primeiras séries do ensino fundamental, devido à concepção dos professores acerca do processo de construção desse conhecimento pelas crianças. Entretanto, acreditamos que, de acordo com o nível de complexidade do conhecimento a ser construído pelos estudantes, independentemente do nível escolar em que se encontrem, é adequado o uso de atividades que favoreçam a interatividade entre o sujeito e o seu objeto de conhecimento, sempre em uma perspectiva contextualizadora que evidencie três aspectos do conhecimento: o cotidiano, o escolar e o científico, principalmente quando são rearticulados ao longo do processo de manuseio de qualquer componente da atividade (o material manipulativo, as orientações orais e escritas e o diálogo estabelecido durante todo o processo ensino aprendizagem etc.).

No modelo proposto por nós, as atividades históricas devem ser elaboradas a partir de um diálogo conjuntivo com as informações históricas e a perspectiva investigatória, já discutidas anteriormente. É a partir dessa aliança integrativa que as atividades imprimem maior significação à Matemática escolar, pois o conhecimento histórico pode estar implícito nos problemas suscitados na atividade ou explícito nos textos históricos extraídos de fontes primárias (textos originais, documentos ou outros artefatos históricos) ou secundárias (informações de livros de história da Matemática ou de livros paradidáticos, por exemplo).

A utilização dessas atividades históricas no ensino da Matemática pressupõe que a participação efetiva do estudante na construção de seu conhecimento em sala de aula constitui-se em um aspecto preponderante nesse procedimento de ensino e aprendizagem. Assim, asseveramos que a construção do conhecimento cotidiano, escolar e científico ocorre mediante relações interativas entre as partes integrantes do processo, tal como entre professor e estudantes e entre os estudantes, que podem ser integradas à prática de atividades de desenvolvimento, de associação e de simbolização (Dockweiler, 1996), sob a forma investigativa (manipulativa ou experimental).

Os estudantes devem participar da construção do seu próprio conhecimento de forma mais ativa, reflexiva e crítica possível, relacionando cada construção alcançada às necessidades históricas, sociais e culturais existentes no desenvolvimento histórico desse conhecimento. Para que isso aconteça de modo bastante significativo, para todo o grupo envolvido no processo, é necessário que o professor adote a conduta de mediador das atividades experimentais fundadas na matemática historicamente construída.

É partindo desse posicionamento pedagógico que o professor poderá viabilizar uma interação dialogal, na qual os estudantes construirão seu conhecimento, recorrendo ao seu próprio raciocínio e conhecimentos históricos, transpondo-os para a situação construtiva identificada em seu cotidiano atual e socializando hipóteses, resultados e conclusões acerca das suas experiências.

A metodologia adotada para esse exercício cognitivo deve priorizar as experiências práticas e/ou teóricas vivenciadas pelos estudantes e orientadas pelo professor, a fim de formular conceitos e/ou propriedades e interpretar essas formulações, visando aplicá-las na solução de problemas práticos que assim o exijam. É importante sempre visualizarmos uma ação metodológica centrada no ensino que promova uma aprendizagem pautada na experiência direta, com situações naturais e/ou provenientes do conteúdo histórico, pois a compreensão relacional pressupõe o emprego de elementos aprendidos atuando em novas situações, nas quais o aprender fazendo é essencial, visto que a base cognitiva é centrada no conhecimento prévio do estudante e o processo de busca e seleção é determinado pelas condições em que se aprende.

A nossa maneira de propor tais atividades desponta como uma contribuição para o exercício de uma prática reflexiva no ensino de Matemática. Tal exercício teórico-metodológico se efetiva à medida em que pressupomos a dinâmica construtiva aliada à provocação da investigação expressa no contexto histórico da Matemática. É nesse movimento que as atividades se tornam fontes de motivação e geração da Matemática escolar.

A fonte de motivação desencadeada pela história da Matemática concretiza-se no seu uso manipulativo em sala de aula e/ou nos livros didáticos, de um modo aproximado àqueles que concebem Fossa (1998, 2001); Miguel (1993); Fauvel (1991); Fauvel e Maanen (2000), e Ferreira

(1998). A inclusão dos aspectos históricos nas atividades encontra também posições contrárias acerca do seu uso didático. Alguns professores, estudantes, pais de estudantes e corpo administrativo de certas escolas que possuem posição teórica tradicionalista são obstáculos acentuados à implementação e disseminação dessas concepções teórico-metodológicas no ensino da Matemática.

Embora saibamos que existem vários grupos pensando dessa maneira, essa prática tradicionalista não pode ser considerada oficial nas instituições de ensino, pois há outros professores que têm uma prática docente centrada na autonomia do estudante e em um processo contínuo de construção do conhecimento matemático escolar, o que ocasiona uma aprendizagem compreensiva, na qual os estudantes têm avançado bastante em direção a uma compreensão relacional da Matemática aprendida na sala de aula.

Para efetivarmos um ensino promotor de aprendizagem matemática compreensiva, é necessário buscarmos no material histórico todas as informações úteis à condução da nossa ação docente e somente a partir daí orientar os estudantes à realização das atividades. Surge nesse momento uma questão: Como conduzir esse processo? Esse questionamento se resolve quando fazemos uma reflexão acerca da necessidade de se buscar a investigação histórica como meio de reconstrução da Matemática produzida em diferentes contextos socioculturais e em diferentes épocas da vida humana.

Esse encaminhamento metodológico a ser dado ao ensino da Matemática evidencia aspectos teóricos relacionados ao *processo de raciocínio matemático* (Dreyfus, 1991) e à *atividade matemática produtiva* (Fischbein, 1987), referente ao modo de representação do raciocínio matemático sob a forma simbólica e mental que, interligadas, geram abstração matemática.

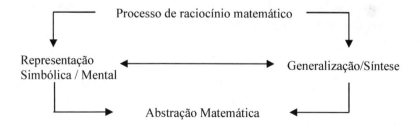

Além disso, mencionamos que esse movimento processual se concretiza por meio da realização de atividades matemáticas organizadas a partir de um processo interativo de criação matemática, impulsionado pela conexão triangular contínua que envolve três componentes: intuitiva, algorítmica e formal.

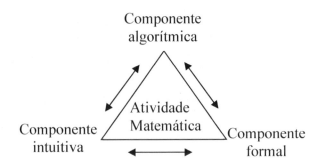

Para que seja possível empreender um trabalho educativo centrado no uso da história da Matemática, apoiado nesses dois pressupostos apresentados por Dreyfus e Fischbein, o professor deve levar em consideração o desenvolvimento de uma atitude investigativa por parte dos estudantes, assim como a conexão contínua entre essas componentes, pois nenhuma delas pode ser vista isoladamente em uma atividade matemática produtiva, quer seja no contexto cotidiano, no escolar ou no científico. Essas são, para nós, as características que devem nortear uma proposta de ensino da Matemática que fomente nos estudantes a investigação histórica como meio de construção de sua aprendizagem e autonomia.

A nossa concepção das atividades históricas investigativas parte do princípio de que as experiências manipulativas ou visuais do estudante contribuem para que se manifestem neles as primeiras impressões do conhecimento apreendido durante a interação sujeito-objeto vivenciada na produção do conhecimento (saber-fazer). Essas primeiras impressões devem ser comunicadas através da verbalização, ou seja, pela expressão oral do estudante em sala de aula, pelas discussões entre os colegas, num processo de socialização das ideias apreendidas. Esse movimento de profunda ação-reflexão implica na necessidade de representação dessa aprendizagem na forma de simbolização (representação formal por meio de algoritmos sistematizados, fórmulas etc.), visto que ela evidencia o grau de abstração no qual o estudante se encontra em relação ao conhecimento construído durante a atividade (nível de representação: intuitiva – algorítmica – formal). Cabe-nos, porém, refletir acerca do significado evidenciado por cada uma dessas componentes.

A componente intuitiva é evidenciada, por exemplo, nas cognições autoevidenciadas na mente de quem aprende. Trata-se, então, da imaginação criativa, da interpretação visual, da explicação material de um fato matemático observado, vivenciado ou imaginado por quem aprende. A esse respeito, podemos citar os exemplos relacionados à capacidade que os estudantes têm para imaginarem e compreenderem aspectos conceituais ligados à rotação e translação de formas geométricas em um sistema de coordenadas, o crescimento e decrescimento de uma função em determinados intervalos, o limite de uma sucessão, o significado de um número irracional na reta numérica, entre outras situações desafiadoras da criatividade e imaginação matemática.

A componente algorítmica se constitui no exercício de habilidades de organização e sistematização da imaginação criativa estabelecida pela intuição e que se põe à prova na experimentação. Os algoritmos exercem um papel importante na organização do raciocínio matemático por se constituírem em um sistema organizado de etapas para explicação e compreensão de qualquer situação-problema investigada.

Em todo o seu percurso histórico de construção da Matemática, percebemos o caráter decisivo que os algoritmos exercem para o avanço explicativo e compreensivo do conhecimento estabelecido. Se tomarmos qualquer tópico da Matemática e o investigarmos historicamente, constataremos o quão importantes os algoritmos são para a explicação do desenvolvimento epistemológico desse tópico matemático. Os diversos algoritmos utilizados para multiplicar, dividir, determinar a raiz quadrada de um número, o mmc ou mdc entre números, são exemplos de algoritmos importantes para o desenvolvimento do raciocínio matemático que estão presentes continuadamente em todo o acervo da Matemática desenvolvida historicamente.

A componente algorítmica permite a adaptação do pensamento aos procedimentos problemáticos propostos na prática, treino sistemático ao qual o estudante é sujeito. Favorecem assim a mecanização (memorização) do conhecimento. Depende de uma construção prévia acerca do conceito apreendido e de uma contextualização (situação problemática) do assunto aprendido.

A componente formal, entretanto, envolve axiomas, definições, teoremas e demonstrações e se manifesta na medida em que a abstração vai se estabelecendo e necessitando de uma linguagem mais simbólica para representar o raciocínio matemático avançado. É por meio desse princípio de formalização que o estudante empreenderá seus modos de conexão entre os diversos algoritmos utilizados para representar um mesmo conceito matemático. É nesse momento, portanto, que serão elaboradas as proposições lógico-matemáticas expressivas desses conceitos, tendo em vista as suas adaptações aos mais variados tipos de situações–problemas que evidenciem tais conceitos e princípios matemáticos.

Percebemos, entretanto, que a componente formal é um dos níveis de representação matemática mais usual e necessário no ensino médio e superior, considerando, para isso, que o desenvolvimento abstrativo é necessário para a aprendizagem matemática nessa fase escolar dos estudantes. Tal componente é bastante presente nos livros didáticos tradicionais, onde é considerada uma forma avançada de conhecimento, transformando-se em um modo de ensinar Matemática. Há necessidade de uma contextualização para que a componente formal seja significativa para o sujeito cognoscente.

A esse respeito, as atividades são apresentadas sob três principais características: atividades de desenvolvimento, de associação e de simbolização, sempre levando em consideração o aspecto interativo existente entre o sujeito (estudante) e o objeto do conhecimento (a Matemática escolar), centrando-se também nos aspectos matemáticos, psicológicos e socioculturais, isto é, procurando ver o estudante por inteiro (Dockweiler, 1996).

Alguns tópicos da Matemática, abordados no ensino médio, por exemplo, são de extrema importância para que o estudante desenvolva algumas habilidades para a resolução de problemas contextuais que focalizam determinados conceitos e habilidades matemáticas. No entanto, notamos que geralmente nos livros didáticos adotados pelas escolas, bem como na prática do professor, há, quase sempre, uma priorização excessiva da aprendizagem "mecânica" da matemática centrada na representação algorítmica e/ou formal, ocasionando um desconhecimento dos aspectos conceituais originados na componente intuitiva das atividades de ensino que promova aprendizagem matemática.

É na tentativa de superar essas situações embaraçosas que adotamos a exploração histórica como processo de construção da base conceitual da Matemática a ser aprendida, para que o estudante possa compreender o significado dos conceitos matemáticos e sua importância para o desenvolvimento de toda a Matemática e suas conexões com outros campos de conhecimento sociocultural, incluindo o científico e o técnico. A partir do significado histórico e conceitual de alguns temas básicos da Matemática, é possível conduzir os estudantes para que eles possam ampliar sua aprendizagem por meio das atividades investigativas desenvolvidas em sala de aula.

Assim sendo, as implicações do uso da história no ensino da Matemática apontam conexões que suscitam uma possível utilização pedagógica nas aulas de Matemática. Para que se esclareça melhor os aspectos técnico-pedagógicos de elaboração, utilização e avaliação desse tipo de proposta educativa, apresentamos a seguir nossas considerações sobre tais atividades.

As atividades devem se configurar como uma sucessão de proposições desafiadoras, indagativas e problematizadoras a ser estabelecida nas sessões de ensino, que preserve o princípio da continuidade como meta da aprendizagem dos estudantes. Nesse sentido, é importante organizar cuidadosamente cada uma das etapas da sucessão de proposições para que se possa alcançar os resultados previstos no planejamento didático do professor. É necessário, muitas vezes, explicitarmos os objetivos, os procedimentos de execução, as discussões a serem realizadas e os relatos orais e escritos previstos em cada uma das etapas das atividades, para que cada estudante possa orientar-se.

Outrossim, essas sugestões buscam conduzir diretivamente a investigação da Matemática presente nas informações históricas (Matemática cotidiana, acadêmica e escolar), de modo que os estudantes reconstruam os aspectos conceituais relevantes dessa Matemática, avançando significativamente na organização conceitual do conteúdo previsto pelo professor.

O título da atividade indicará o tema central a ser investigado e o conteúdo que se pretende construir. A partir dele, dependendo do nível de desenvolvimento da turma, os estudantes poderão identificar previamente do que trata a atividade. Esse item deve evidenciar principalmente o objetivo principal, podendo até despertar os aspectos cotidiano, escolar ou científico do assunto a ser abordado em cada etapa da aprendizagem matemática. A criatividade do professor é muito importante para que o título seja curto, claro e direto, provocando a imaginação criativa dos estudantes de modo a dar mais interesse e dinamismo no processo de aprendizagem previsto.

Através dos objetivos, o professor deve deixar bem claro as principais finalidades da realização da atividade, tendo em vista a construção do conhecimento matemático previsto nessa etapa do trabalho docente. É importante que a linguagem esteja bastante clara e concisa para que os estudantes não tenham dúvidas, principalmente a respeito dos aspectos extramatemáticos que serão suscitados em cada atividade; isso porque sempre haverá outros aspectos interligados que brotarão durante a ação-reflexão gerada no processo de aprendizagem.

O conteúdo histórico surge como um elemento motivador e gerador da Matemática escolar, pois se apresenta como um fator bastante esclarecedor dos porquês matemáticos tão questionados pelos estudantes de todos os níveis de ensino. Nas informações históricas estão plantadas as raízes cotidiana, escolar e científica do conhecimento matemático a ser construído pelos estudantes e, por isso, precisam ser bem exploradas pelo professor.

Por ser um provocador da curiosidade dos estudantes, é nessas informações que devemos explicitar os fatos e problemas que, ao longo da história da humanidade, provocaram a indagação e o empenho humano visando a sua organização sistemática e disseminação até o modelo atual. Essa parte servirá de suporte para o desenvolvimento da atividade e poderá conduzir o estudante a um diálogo interativo com os aspectos transdisciplinares da Matemática investigada.

O material a ser utilizado para a realização da atividade deve ser descrito, mesmo que de maneira informal, de modo que o estudante possa, sempre que possível, voltar-se para a busca do conhecimento através da exploração do meio em que se encontra. Assim, a habilidade de organizar-se em etapas para a solução de um problema poderá se desenvolver nos estudantes. O professor deve ser o principal artesão dessa etapa, pois cabe a ele a exploração de todas as possibilidades de improvisação e bricolagem[28] que possam superar as dificuldades existentes na escola.

É imprescindível que o professor seja ousado e criativo, pois é dessa maneira que ele poderá criar, em sala de aula, um ambiente inovador que favoreça a concretização da imaginação e criatividade matemática dos estudantes. Caso contrário, as condições socioeconômicas dos estudantes, da escola e do professor serão apontadas como fatores de inviabilização da proposta.

Os procedimentos metodológicos orientarão os estudantes no sentido de desenvolverem as atividades históricas através de etapas que os conduzam a uma compreensão relacional do conteúdo matemático a ser aprendido por eles. Com essas orientações, os estudantes possivelmente vivenciarão cada uma das fases sugeridas por Dockweiler (1996) (Manipulação/experimentação; Verbalização/comunicação oral e Simbolização/abstração). É importante usarmos uma linguagem bastante clara e objetiva, pois assim será possível dar aos estudantes liberdade para explorarem as situações desafiadoras propostas e testá-las, buscando o conhecimento previsto em cada uma das atividades. Toda atividade deve apresentar uma sequência contínua de ações que conduzam os estudantes à formalização das ideias matemáticas construídas ao longo desse processo de aprendizagem. Todavia, é o professor quem deve perceber os momentos mais adequados para iniciar esse exercício de sistematização e formalização do conhecimento.

As atividades devem ser bem atrativas e desafiadoras, de modo a provocar a curiosidade dos estudantes. Acreditamos que essas características podem estimulá-los à aprendizagem se forem ricamente exploradas durante a elaboração de cada desafio. Os desafios geralmente estão presentes em textos históricos originais ou mesmo em fontes secundárias, como os livros de história da Matemática, livros didáticos antigos, paradidáticos e aqueles que abordam contos de tradição oriental ou similares, como os trabalhos de Malba Tahan. De acordo com o nível de

---

[28] Palavra derivada do termo francês *bricoleur*, muito utilizada pelo antropólogo Claude Lévi-Strauss para explicar a habilidade do artesão em utilizar diferentes objetos de que dispõe, de modo a produzir uma nova peça. Usamos esse termo no sentido de explicar a possibilidade que temos de reutilizar objetos para produzir mecanismos práticos que podem ser úteis na realização das atividades a serem desenvolvidas em sala de aula. Nesse sentido, indicamos a confecção do trigonômetro utilizado na atividade nº 9 do módulo de ensino proposto neste estudo.

ensino e com o conteúdo que se pretende abordar, esses desafios podem ser mais complexos no sentido de exigir mais atenção, reflexão e habilidade investigadora dos estudantes, para alcançar os resultados previstos pelo professor. O mais importante de um desafio proposto nesse tipo de atividade é desenvolver nos estudantes um espírito explorador, indagador e ao mesmo tempo de análise e síntese, pois é dessa maneira que esses estudantes alcançarão um crescimento intelectual mais significativo.

Como já discutimos anteriormente, o processo de abstração matemática ocorre a partir das representações intuitiva, algorítmica e formal. Logo, acreditamos que todas as atividades devem ter como meta esse exercício. Outrossim, é importante lembrarmos também que é através dessas representações que os estudantes expressam o seu nível de abstração matemática. Isso porque admitimos que a maneira deles expressarem a sua representação mental é através dessas três componentes que se constituem na expressão simbólica do pensamento matemático.

É prudente pensarmos nessas atividades, considerando a possibilidade de utilizarmos os aspectos mais criativos dos livros didáticos de Matemática, visando proporcionar ao estudante o prazer de exercitar essa formalização matemática com bastante significado. Isso ocorrerá se aliarmos as experiências manipulativas e os desafios e problemas resgatados da história ao poder de generalização que os exercícios formais podem ter. Daí será possível estabelecermos um elo entre o concreto e o formal através dessas atividades.

Em se tratando de outras atividades complementares, asseveramos que elas se constituem, principalmente, da realização de trabalhos que devem ser orientados pelo professor. Esses trabalhos podem ser gerados a partir das próprias atividades desenvolvidas em sala de aula, e muitas vezes configuram-se de projetos individuais ou em grupos que implicam na culminação de todo processo de aprendizagem ocorrido na sala de aula. Quando são desenvolvidas em sala de aula ou fora dela, essas atividades são revestidas de uma característica transdisciplinar muito forte, pois tratam da Matemática envolta em uma teia de saberes que a encobrem de significados.

É nessas atividades que os estudantes poderão exercitar plenamente a sua capacidade de compreensão relacional, defendida por Skemp (1976), e vivenciar as possibilidades transdisciplinares da Matemática em seus aspectos cotidiano, escolar e científico. Além disso, terão a oportunidade de desenvolver habilidades investigadoras, cujo princípio educativo é fazer com que o estudante se torne autônomo e busque, através da sua própria experiência, uma elaboração, compreensão e explicação própria do mundo, visando dialogar com o mundo que lhe foi mostrado através da história. Outra modalidade, a ser desenvolvida em sala de aula, considerada também como atividade complementar, refere-se à exploração dos problemas e exercícios existentes nos livros didáticos antigos, nos livros didáticos atuais e em alguns paradidáticos. Trata-se de localizarmos nesses livros um certo número de problemas ou exercícios que emergem de diversas situações históricas da Matemática, embora estejam muitas vezes revestidos de uma linguagem mais atual.

Os problemas e exercícios são tomados como eixos geradores da compreensão relacional a ser alcançada pelos estudantes durante as aulas de Matemática. Na maioria das vezes, são constituídos de fatores contextualizadores de uma realidade, na qual o estudante possivelmente pode se apoiar para transpor algumas dificuldades encontradas na compreensão instrumental objetivada pelo professor durante as aulas introdutórias do assunto abordado.

É através desses problemas que o professor pode levar seus estudantes a um nível de representação simbólica das ideias matemáticas apreendidas na experiência direta e nas discussões com os colegas, bem como favorecer a fixação do conhecimento matemático construído durante o desenvolvimento das atividades anteriores. Ressaltamos que as explorações desse tipo de questões devem dar muita atenção aos conceitos e ao seu significado e menos às técnicas, pois os exercícios tradicionais deixam de fazer sentido para os estudantes, se não estiverem revestidos de relações históricas e sociais (a cultura, a ciência e a tecnologia) que têm uma importância muito grande na compreensão e explicação da realidade construída pelos estudantes.

O modelo praticado no ensino de Matemática

Apresentaremos a seguir um exemplo de uma experiência realizada com o tema de trigonometria básica para o ensino médio, através de atividades apoiadas pela história da Matemática. Trata-se de uma sugestão didática que contém os tópicos trigonométricos considerados essenciais para os estudantes do 1° ano do ensino médio. O material foi elaborado, testado e avaliado com três grupos de professores do ensino fundamental e médio, durante um ano, e junto a seis grupos de estudantes de ensino médio, durante dois anos. A partir da avaliação dos resultados parciais sobre sua utilização, propomos uma abordagem investigativa de uso da história da Matemática em sala de aula, desde que apoiada em atividades que resguardem minimamente os aspectos que defendemos como essenciais para compor uma proposta dessa natureza.

A sequência de ensino contém 11 atividades para a introdução à trigonometria plana no 1° ano do ensino médio, com a finalidade de subsidiar o exercício cognitivo discente em sala de aula. Para isso, sugerimos que o professor conduza o processo investigativo da Matemática escolar, orientando as atividades para que os estudantes construam seu conhecimento, partindo dos conhecimentos históricos extraídos de fontes históricas primárias ou secundárias. Compreendemos que, desse modo, o estudante será capaz de formular conceitos ou propriedades e interpretar essas formulações na aplicação e na solução de problemas práticos que assim o exijam, bem como nas atividades complementares apresentadas no fim do módulo.

Para que o uso desse material se efetive produtivamente, é necessário que todos os estudantes utilizem todos os materiais sugeridos, pois eles são imprescindíveis na construção conceitual acerca da trigonometria abordada nas informações históricas presentes nas atividades, bem como conectá-las aos aspectos cotidiano, escolar e científico da Matemática, visando contribuir para que os estudantes desenvolvam uma atitude investigatória na construção do seu conhecimento matemático. É importante, portanto, que todos os envolvidos não se limitem à execução pura e simples do que está sendo proposto aqui, mas reflitam sobre cada fase vivenciada, bem como sobre cada resultado obtido, com vistas a extrair conclusões ricas e essenciais para uma aprendizagem sólida e plena do tópico contido nas atividades.

1. Noções de ângulo

Essa atividade tem como objetivo suscitar nos estudantes a noção de ângulo e seus significados: gramatical, geométrico e trigonométrico. Além disso, pretendemos exercitar a medição através do uso do transferidor e, finalmente, revisar a classificação dos ângulos tomando como parâmetro o angulo reto (90°). Outrossim, pretendemos ainda refletir acerca dos aspectos históricos da Matemática que se referem à noção de ângulo.

2. Explorando triângulos retângulos

Essa atividade tem a finalidade de revisar aspectos matemáticos relacionados à semelhança de triângulos, considerando para isso os triângulos retângulos. É através dessa revisão que pretendemos enfatizar um dos fatores matemáticos que mais contribuem para a formulação das noções de trigonometria. Trata-se de abordarmos as noções de proporcionalidade como um conceito matemático que define as propriedades de semelhança.

Os aspectos históricos presentes nessa atividade procuram enfatizar as experiências históricas ligadas ao conhecimento geométrico que, de fato, se relacionam com o tópico abordado na atividade. A partir da história-narrativa presente nessa atividade, pretendemos fazer com que os estudantes possam relacionar dois ou mais triângulos semelhantes entre si e aplicar as principais propriedades da relação de semelhança entre triângulos na determinação de uma proporção como igualdade entre duas razões de semelhança.

3. Formulando o teorema de Pitágoras

Quanto a esta atividade, pretendemos que os estudantes possam formular o teorema de Pitágoras a partir de informações históricas sobre a sua construção, bem como demonstrar o referido teorema por meio de alguns recursos existentes na geometria. Daí, acreditamos que será possível a eles interpretarem o teorema de Pitágoras e suas aplicações.

Além de fazer uma revisão quanto a esse importante teorema da geometria do triângulo retângulo, os estudantes procurarão explorar aspectos algébricos que contribuem na demonstração do referido teorema. O fato histórico abordado nesta atividade mostra outra imagem desse tema, que não seja aquela já tão explorada e desgastada pelos autores dos livros de matemática.

Procuramos, com isso, apontar a importância prática desse teorema no momento em que era usado em atividades cotidianas da população mediterrânea, bem como o impacto causado no mundo grego a

A História como um agente de cognição na Educação Matemática

partir da sua demonstração, principalmente considerando que esse teorema foi de fundamental importância para o desenvolvimento da geometria euclidiana e da geometria analítica, trigonometria e funções de uma variável complexa.

4. Medindo a altura de objetos pela sombra

Essa atividade tem como principais objetivos determinar a razão de semelhança entre dois triângulos retângulos isósceles; calcular o valor desconhecido de um dos lados de um triângulo retângulo a partir da comparação com outro triângulo retângulo semelhante; representar geometricamente situações-problemas que envolvam semelhança entre triângulos retângulos, e representar no plano cartesiano as relações entre as medidas de sombras e as horas do dia.

Nesse momento do módulo, retomamos as noções de semelhança e proporcionalidade já exploradas na atividade nº 2, utilizando um fato histórico como fonte de contextualização de uma prática social marcante pelos povos antigos, cuja importância foi decisiva na organização das noções básicas da trigonometria. A história-narrativa procura retomar a relação de semelhança estabelecida entre a altura de qualquer objeto e a sua sombra. É nesse momento do trabalho que fomentamos nos estudantes a sua curiosidade e espírito investigador, tendo em vista fazer com que eles se lancem na aventura do conhecimento partindo dos aspectos históricos e transportando-os para uma situação atual. Dessa forma, eles passam a viver uma experiência que lhes dará oportunidade de tirar conclusões próprias, pois a atividade vai além do fato histórico.

Os dados matemáticos gerados da experiência são manipulados pelos estudantes, de acordo com os seus próprios interesses e, a partir daí, eles passam a ter uma compreensão relacional das noções de semelhança de triângulos e proporcionalidade, já abordados na atividade nº 2.

5. Construindo e explorando o relógio de sol

Após explorar as noções de proporcionalidade e semelhança, em duas atividades que se complementam entre si, lançamos mão de uma consequência histórica desses fatos ao propor a construção e exploração do relógio de sol. É nesta atividade que os estudantes ampliarão sua compreensão relacional acerca do assunto estudado, bem como seu entendimento sobre as noções de trigonometria envolvendo os estudos da cronologia do tempo.

Os aspectos históricos surgem como uma rica fonte de informações para os estudantes, visando mostrar-lhes o processo histórico pelo qual a ciência e a Matemática se constituíram nos fatores concretizadores das tecnologias produzidas por diferentes grupos sociais em diferentes momentos históricos. Essa é outra oportunidade dada aos estudantes para que se lancem na aventura do conhecimento, tendo em vista que o conhecimento construído está diretamente relacionado às experiências vividas e as reflexões sobre essas experiências.

Os aspectos históricos apresentados nesta atividade têm um caráter provocador aos estudantes, tendo em vista lançar vários desafios, dentre os quais podemos citar: uma pesquisa mais detalhada acerca dos relógios de sol; um estudo acerca das modificações realizadas na técnica de medir o tempo até chegar aos relógios atuais; um estudo sobre a trigonometria relacionada aos relógios de sol; uma investigação acerca da exploração dessas ideias por diferentes grupos socioculturais etc.

6. Medindo a altura dos objetos sem a utilização de sombras

Esta atividade tem como objetivos relacionar ângulos e lados de dois ou mais triângulos retângulos semelhantes; determinar a razão de semelhança entre dois ou mais triângulos retângulos, e determinar a altura de objetos a partir da semelhança entre dois triângulos retângulos.

Através do seu desenvolvimento, pretendemos ampliar as discussões iniciadas nas atividades nº 2, nº 4 e nº 5, visto que todas elas estão relacionadas com as noções de proporcionalidade e semelhança de triângulos retângulos. Nosso objetivo é fazer com que os estudantes estabeleçam relação entre os três aspectos em que as mesmas noções matemáticas se apresentam, considerando, para isso, os aspectos cotidiano, escolar e científico. Nesse sentido, podemos observar que, na atividade nº 2, retomamos o aspecto escolar do assunto, enquanto nas de números 4 e 5 estão interconectados os aspectos cotidianos e científicos da Matemática e que podem plenamente convergir para o escolar.

7. Razões trigonométricas – das cordas ao triângulo retângulo

Nossos principais objetivos nesta atividade são: compreender o conceito de seno, cosseno e tangente de um ângulo agudo como razões trigonométricas no triângulo retângulo; determinar o valor do seno, do cosseno e da tangente de um ângulo agudo a partir do triângulo retângulo determinado pela corda da circunferência, e representar graficamente o seno, o cosseno e a tangente de um ângulo a partir de uma razão entre dois lados de um triângulo retângulo.

Esta é a atividade que define a direção da unidade de ensino acerca da trigonometria. É com ela que alcançamos a formalização das ideias que foram lançadas nas outras anteriores. Acreditamos que, através desta atividade, os estudantes compreenderão o conceito de seno, cosseno e tangente de um ângulo agudo, no triângulo retângulo, como as três principais razões trigonométricas determinadas entre os lados desse triângulo, a partir da corda da circunferência. Esperamos, também, que os estudantes consigam determinar o valor do seno, do cosseno e da tangente dos ângulos desse triângulo configurado na circunferência. Conforme o desenvolvimento da atividade, os estudantes conseguirão representar graficamente o seno, o cosseno e a tangente dos ângulos explorados a partir de uma razão entre dois lados desse triângulo.

8. Construindo os valores de seno, cosseno e tangente de ângulos agudos

Após a aprendizagem do conceito das razões trigonométricas básicas, efetivadas na atividade anterior, acreditamos que os estudantes estarão preparados para esta atividade, cujos objetivos são determinar os valores das razões trigonométricas para os ângulos agudos mais utilizados na resolução de problemas escolares rotineiros, bem como em algumas atividades cotidianas, como a determinação da inclinação dos telhados. Além disso, acreditamos que será possível aos estudantes representarem, no sistema de coordenadas cartesianas, essas razões trigonométricas. Finalizando, pretendemos levá-los a relacionar os valores do seno e do cosseno de um ângulo ao valor do raio unitário representado no círculo trigonométrico.

9. Construindo e explorando o trigonômetro

Esta atividade tem como principais objetivos: determinar experimentalmente os valores das razões trigonométricas para os ângulos agudos de um triângulo retângulo; estabelecer uma relação de complementaridade entre os ângulos agudos de um triângulo retângulo, e representar geometricamente e numericamente as razões trigonométricas em um triângulo retângulo.

Através das experiências realizadas em sala de aula, os estudantes poderão compreender o significado das razões trigonométricas. Isso se concretizará na determinação dos valores de cada uma delas, bem como das observações acerca das medidas efetuadas no trigonômetro. Esse instrumento de medição das razões trigonométricas tem uma relação íntima com o astrolábio, cuja origem atribui-se aos inventos astronômicos de Hiparco e, talvez, através dessa prática os estudantes poderão chegar mais próximos das experiências vivenciadas pelos matemáticos antigos e, com isso, construir suas noções matemáticas acerca do assunto.

10. A razão Pi (π) entre o comprimento da circunferência e seu diâmetro

Nesta atividade, pretendemos levar os estudantes a compreenderem o número Pi (π), como uma relação entre as medidas do comprimento da circunferência e do seu diâmetro. Além disso, almejamos que os estudantes possam determinar experimentalmente essa relação e a representem matematicamente como $\pi = C/R$, pois é a partir das discussões surgidas durante a realização desta atividade que exploraremos as ideias essenciais para a realização da atividade seguinte.

Isso porque é importante que os estudantes compreendam que a irracionalidade do número π faz com que os estudos das cordas que geraram as razões trigonométricas apontem sempre valores aproximados para essas razões (seno, cosseno e tangente, por exemplo). Isso significa que a divisão da circunferência em partes "iguais" se torna um exercício concreto que pode ser discutido de forma simbólica através das relações trigonométricas e da exploração do sistema de coordenada, na qual inserimos as funções seno e cosseno como eixo das abscissas e ordenadas do referido sistema.

11. Explorando o ciclo trigonométrico

Esta atividade tem como principais objetivos: 1) fazer com que os estudantes explorem construtivamente o ciclo trigonométrico, visando obter valores para o seno, cosseno, tangente e cotangente de um arco (ângulo) a partir dessa exploração; 2) levá-los a relacionar os valores trigonométricos encontrados no 1º quadrante com os demais quadrantes do ciclo trigonométrico, para que possam interpretar os valores encontrados no ciclo trigonométrico e suas variações para cada quadrante.

12. Outras atividades complementares

Nestas atividades, temos em mente que os estudantes devem alcançar um nível bastante elevado de articulação entre a representação mental e a simbólica das noções matemáticas aprendidas durante as outras atividades, o que no nosso entender implicará no crescimento do seu nível de abstração matemática. É nesse tipo de atividade que os estudantes perceberão que as aplicações da matemática estão muito ligadas a problemas históricos e que há dentro da matemática várias conexões entre diversos, como geometria, cálculo, trigonometria, funções etc.

Para que se concretize esta etapa do módulo proposto, podemos citar, a seguir, alguns exemplos de atividades complementares a serem utilizadas durante o desenvolvimento da unidade de ensino voltada para a trigonometria no nível médio. Um exemplo clássico refere-se aos problemas envolvendo triângulos retângulos, revestidos de uma contextualização cotidiana, como a medida de alturas de prédios; a distância entre as duas margens de um rio; a divisão de uma circunferência em partes iguais etc.

Toda a exploração da extensão das razões trigonométricas e da leitura de relações e propriedades do triângulo retângulo que deságuam no círculo trigonométrico nos indicam a importância de utilização dessas atividades complementares ao final da unidade de ensino, procurando, porém, evitar cair nos exercícios de pura manipulação simbólica, aos quais sempre se costumou dar uma importância exagerada durante a prática docente do professor de matemática.

Refletindo e apontando caminhos para a investigação em sala de aula

Ao longo deste capítulo, discutimos as possibilidades de concretização de uma abordagem didática que inclua da história da Matemática no ensino-aprendizagem da Matemática escolar. Nesse sentido, refletimos a propósito das diversas modalidades de uso pedagógico dos aspectos histórico-epistemológicos da Matemática como agente da cognição matemática na sala de aula, e apontamos algumas implicações didáticas advindas das diversas concepções teóricas mencionadas. Acreditamos que as nossas reflexões suscitaram contribuições para uma abordagem da Matemática apoiada nas atividades históricas, principalmente considerando a história como um princípio unificador dos aspectos cotidiano, escolar e científico da Matemática.

Em seguida, defendemos nosso ponto de vista acerca da perspectiva investigatória em história da Matemática, por meio das atividades propostas para a sala de aula, no ensino fundamental e médio. Consideramos que essa conjunção pode ser utilizada como fonte de geração do conhecimento matemático escolar, ou seja, pode contribuir significativamente para a melhoria do ensino e da aprendizagem da Matemática escolar. Além disso, mostramos que é possível relacionar o contexto histórico-construtivo da Matemática com a construção cotidiana e escolar desse conhecimento hoje, pois é fundamental valorizarmos e adaptarmos as informações históricas às nossas necessidades, visando o melhor uso didático das informações históricas.

Outro ponto importante evidenciado ao longo desse movimento cognitivo de formulação teórico-prática da proposta refere-se a uma possível conexão entre a história da Matemática e a etnomatemática. Essa conexão evidenciou-se na aliança estabelecida, pois quando verificamos o desenvolvimento histórico das noções matemáticas ao longo dos tempos, em diferentes contextos sociais, políticos e culturais, nos deparamos com aspectos construtivos característicos de cada contexto sociocultural, no qual a Matemática foi construída. Esse, portanto, é um dos aspectos definidores da produção matemática, também sob as formas cotidiana e escolar. Para isso, é essencial consideramos a valorização do saber e do fazer históricos.

Acreditamos que as ideias apresentadas e discutidas neste capítulo se constituíram no *corpus* teórico da proposta de ensino da Matemática numa perspectiva investigatória apoiada pelas informações históricas. Desse modo, reafirmamos ser possível a utilização pedagógica da história da Matemática como meio de construção do conhecimento matemático escolar. Assim, apresentamos uma síntese de um módulo para o ensino da trigonometria básica para o nível médio através de atividades, como uma forma de concretização do que foi apresentado e discutido ao longo deste capítulo.

Nesse momento, é propício retomarmos os pontos conclusivos com os quais nos deparamos, com vistas a avaliar o alcance das questões e proposições apresentadas inicialmente, assim como a respeito das possibilidades de concretização dessas proposições com os estudantes, a partir do modelo teórico-prático apresentado e discutido ao longo deste capítulo. É importante, neste momento, avaliarmos os argumentos apresentados e discutidos até aqui, de modo a apontar as reais possibilidades de sua implantação nas aulas de Matemática, quer sejam nas escolas públicas ou particulares. Nesse sentido, é necessário apresentarmos um corpo de sugestões aos professores e apontarmos alguns caminhos para a concretização da proposta em se tratando de utilização das atividades apresentadas, bem como as possíveis adaptações que podem ser feitas durante o ensino da Matemática nos níveis fundamental ou médio.

Diante de tudo que foi discutido, acreditamos que há plenas possibilidades de concretização da aliança integrativa entre os dois eixos teóricos que nortearam a elaboração da proposta de ensino de Matemática por atividades históricas. Todavia, temos que refletir a respeito das possíveis reavaliações da proposta que certamente ocorrerão, sempre tomando como parâmetro as situações vivenciadas em sala de aula.

O processo construtivo desse tipo de proposta é contínuo e exige, de cada um, ousadia e perseverança para uma busca constante de possibilidades didáticas que contemplem uma perspectiva investigatória para o ensino de Matemática, com base no desenvolvimento histórico-epistemológico da Matemática. É necessário, entretanto, estarmos sempre atentos ao processo ensino-aprendizagem para que a dinâmica da ação-reflexão esteja sempre presente nas nossas práticas de sala de aula.

A História como um agente de cognição na Educação Matemática **141**

Diante das reflexões realizadas, é possível admitirmos que uma abordagem da Matemática escolar centrada nas atividades investigativas apoiadas pela história da Matemática se torna viável à medida em que haja uma certa cautela, responsabilidade, estudo e planejamento por parte do professor. Quaisquer sugestões de alterações serão válidas, desde que sejam verificadas as possíveis modificações a serem feitas nas atividades, após cada experiência realizada pelo professor, pois cada alteração poderá ocasionar a ampliação do campo de abrangência de cada atividade modificada. O professor pode, portanto, inserir novas questões nas atividades, desde que não altere a estrutura metodológica que buscamos evidenciar, visto que elas refletem uma concepção de ensino de Matemática que admitimos ser possível desenvolver nas escolas, de modo a contribuir com o crescimento integral do estudante.

Outra questão que diz respeito ao êxito do trabalho do professor, a partir da proposta lançada por nós, surge através da seguinte pergunta: Como podem ser usadas as atividades de fixação do conteúdo? Acreditamos que as atividades de fixação podem ser realizadas de diversas maneiras, desde que não haja uma descontinuidade entre as de introdução, as de organização formal do conhecimento e as de sua fixação. Dependendo da experiência do professor, da sua formação pedagógica e do seu domínio teórico da proposta que estamos implementando, é possível que ele adapte os próprios exercícios dos livros didáticos; resgate situações-problema da realidade dos estudantes; utilize os desafios previstos nos livros de história da Matemática, e aproveite as sugestões encontradas em alguns paradidáticos, pois assim poderá conduzir suas atividades de fixação do conteúdo programático, sem se afastar do eixo norteador da proposta.

Caso o professor não tenha condições de recorrer a essas alternativas, ele poderá utilizar os exercícios e problemas do livro didático, desde que imprima a eles uma nova abordagem na resolução dos exercícios ou problemas, procurando valorizar os erros dos estudantes, as diferentes maneiras de resolvê-los, de forma que estimule a discussão em classe e a organização mental das ideias surgidas durante essas discussões. Caso contrário, não modificará em nada a sua prática.

Outra preocupação refere-se a qual encadeamento deve ser dado e de que modo deve ser dado para que o processo de aprendizagem continue até que o estudante retome os estudos tradicionais de resolução de exercícios e problemas do livro didático, e faça algumas demonstrações etc. Em primeiro lugar, não se deve esquecer a concepção de Dockweiler (1996), quando apresenta uma proposta de uso de atividades para o ensino de Matemática e defende com isso a ideia de que o estudante deve ser colocado frente a três fases de construção da aprendizagem: a experiência visual, física e manipulativa; a comunicação oral das ideias concebidas na experiência visual, e, por fim, a representação simbólica através da utilização do pensamento abstrativo, no qual o estudante já apresenta um grau elevado de generalização das ideias apreendidas ao longo das atividades.

Dessa mesma maneira, podemos agir para que seja possível conduzir a aprendizagem do estudante a partir das ideias iniciais apoiadas no conhecimento histórico, visto que devemos orientá-lo para que ele vá se desenvolvendo numa sequência gradual, sempre partindo das experiências mais concretas e/ou reais, passando por uma experiência semiconcreta que exija dele as primeiras representações simbólicas – através de desenhos, expressões verbais ou até as primeiras sentenças matemáticas. Ao final tornar-se-á mais simples conduzi-lo à fase das representações totalmente formais, isto é, ao alcance das abstrações. Nesse momento, acreditamos que o estudante já adquiriu uma construção mental suficiente para operar várias representações mentais que facilitem a resolução dos exercícios e problemas propostos pelo livro didático, da maneira mais tradicional possível.

No que diz respeito ao tipo de relação existente entre as atividades que envolvem história da matemática e as encontradas nos livros didáticos que não usam a história, é possível afirmarmos que, após a realização das experiências com professores e estudantes do ensino médio, ficou patente que as primeiras contribuem no enriquecimento das estratégias metodológicos de apresentação da Matemática presente nos livros didáticos de matemática, visto que as informações históricas quase sempre são desprezadas nos livros didáticos. Apenas em alguns paradidáticos encontramos certas atividades que têm se conectado, superficialmente, com a nossa proposta.

Acreditamos, entretanto, na expectativa de ampliação do seu uso junto aos estudantes do ensino médio, para que seja possível ampliar as possibilidades de uso da investigação histórica como agente de cognição matemática em sala de aula; pois, com essa proposta, certamente a comunidade educativa da Matemática poderá, enfim, vislumbrar mais uma possibilidade de superação dos problemas que constituem o objeto de estudo da Educação Matemática em todo o mundo.

Outro fator que define o modo de usar história da Matemática, proposto por nós e ausente de qualquer proposta contida nos livros didáticos, se refere à nossa tentativa de fazer com que os estudantes alcancem um nível significativo de compreensão relacional da matemática aprendida através dessas atividades. Isso significa dizer que uma abordagem transdisciplinar da Matemática através das informações históricas pode levar os estudantes a conceberem a Matemática como um conhecimento que emerge das atividades humanas. Portanto, passam a ver esse conhecimento como um dos fios de uma rede cognitiva continuamente tecida pela sociedade humana.

Sobre os modos como as informações históricas podem contribuir para a melhoria do ensino da Matemática, desde o primeiro capítulo deste livro já foram mencionadas várias possibilidades teóricas pelas quais a história pode contribuir para a melhoria do ensino da Matemática. Assim, reiteramos que a história certamente contribui para a melhoria do ensino da Matemática, se for utilizada a partir de situações desafiadoras e provocadoras da criatividade, da imaginação e da autonomia dos estudantes com relação à busca de seu próprio conhecimento matemático.

Essa prática dará oportunidade para que os estudantes possam estabelecer um processo de compreensão, construção e transformação da sua realidade. Para que isso ocorra, é necessário que eles possuam segurança instrumental com relação aos conceitos matemáticos, de modo que possam utilizar a Matemática de forma mais conectada com o contexto no qual estão inseridos, ou seja, manifestem uma ampla compreensão relacional da Matemática aprendida. Nesse sentido, essas ideias poderão ser melhor compreendidas através dos aspectos históricos da Matemática, se explorados construtivamente.

Diante do que foi apresentado e discutido neste capítulo, é importante afirmar que as atividades envolvendo história da Matemática são mais impactantes no alcance de uma aprendizagem criativa do que as atividades que não usam história da Matemática durante as aulas de Matemática. Nosso argumento se apoia nas pesquisas desenvolvidas sobre o uso das atividades investigativas que apresentaram resultados bastante satisfatórios com relação ao valor desse tipo de atividade no processo ensino e de aprendizagem matemática. Isso significa que esse tipo de abordagem metodológica contribui para que os estudantes desenvolvam as habilidades básicas necessárias ao seu desenvolvimento cognitivo e à sua autonomia construtiva no processo de apreensão da Matemática escolar.

As atividades históricas, por outro lado, incorporam todos os aspectos previstos para a elaboração das atividades investigativas, acrescentando um elemento a mais na sua elaboração: a contextualização histórica na qual o saber matemático se desenvolveu ou se desenvolve. Esse aspecto constitui-se em um fator singular que dá ao conhecimento matemático construído uma característica transdisciplinar, na qual os estudantes poderão se apoiar para alcançar uma compreensão mais ampla e relacional desse conhecimento, isto é, eles poderão relacionar os aspectos cotidiano, escolar e científico da Matemática.

Logo, podemos afirmar que as atividades históricas apresentam uma série de informações que possibilitam aos estudantes uma ampliação maior do conhecimento apreendido, quer seja na dimensão matemática através dos "porquês" e "comos", quer seja no aspecto cotidiano, escolar e científico desse conhecimento. Daí, fica cada vez mais evidente para nós a afirmação de que as atividades históricas têm uma amplitude maior de abrangência cognitiva a ser alcançada pelos estudantes.

Para finalizar, é importante apontarmos alguns direcionamentos nos quais será possível trilharmos o nosso caminho se quisermos concretizar, de fato, essa proposta, de modo contínuo e produtivo. Trata-se de avançarmos nos estudos em história da Matemática, buscando constantemente construir uma história da Matemática própria para uso em sala de aula, voltada ao ensino fundamental ou médio. Para isso acontecer, é necessário que tenhamos uma compreensão maior dos problemas enfrentados por todos os professores de Matemática e pelos estudantes de licenciatura em Matemática das universidades. Talvez daí seja possível elaborarmos um programa mais amplo de utilização da história da Matemática em sala de aula.

Uma das vias de acesso a essa reformulação da prática do professor de Matemática seria estabelecer um diálogo entre a história da Matemática, como disciplina dos cursos de licenciatura em Matemática, e as disciplinas de formação pedagógica desses licenciandos, como prática de ensino ou estágio supervisionado. Esse programa abrangeria, principalmente, o último ano do curso de formação do professor de Matemática.

Sob a orientação do professor de história da Matemática, os estudantes fariam seus estudos acerca da história da Matemática voltada aos conteúdos matemáticos abordados no ensino fundamental e médio. Desses estudos, eles construiriam textos didáticos a serem utilizados para cursos de atualização com os professores que estão no exercício do magistério nesses níveis de ensino. Tais textos fomentariam a elaboração de atividades para o ensino da Matemática baseados nos textos didáticos já escritos e, por fim, testariam essas atividades durante as fases de estágio supervisionado.

Os resultados obtidos dariam os subsídios necessários para que, tanto os professores universitários, quanto os estudantes de licenciatura e os professores de Matemática do nível fundamental e médio pudessem ter uma visão ampla do processo deflagrado durante esse estudo. Daí em diante, seria possível discutir as estratégias de superação das dificuldades encontradas durante a prática docente.

De acordo com as ideias apresentadas nos parágrafos anteriores, fica evidente a nossa perspectiva de ensino, pesquisa e extensão a ser desenvolvida nos cursos de licenciatura em Matemática na formação continuada de professores que atuam nas redes de ensino do país. Nesse sentido, colocamos em prática um projeto de trabalho para a formação inicial e continuada de professores de Matemática, desenvolvido desde a década de 1990 (Mendes, 1997, 2001b), posteriormente ampliado (Mendes, 2004, 2007) e atualmente em desenvolvimento por meio da exploração do ambiente virtual CREPHIMat[29], uma plataforma digital que contém material de pesquisa e formação conceitual e didática de professores, com base na história da Matemática[30].

Trata-se de estabelecermos um diálogo entre a disciplina história da Matemática e as disciplinas de formação pedagógica dos cursos de licenciatura, tais como: didática da Matemática; instrumentação para o

---

[29] O CREPHIMat é um centro Virtual de Referência em pesquisas sobe História da Matemática – www.crephimat.com.br.

[30] Ver Mendes; Silva (2018) e Mendes (2021a; 2023).

ensino de Matemática; metodologia do ensino de Matemática, entre outras. Essa aliança entre as disciplinas favorecerá a formação de um professor mais criativo e menos dependente dos livros-textos fornecidos pelas editoras. Além disso, fomentará nos licenciandos o espírito investigador centrado na busca do conhecimento.

É muito importante que estudos dessa natureza, realizados pelas universidades, estejam sempre articulados com a rede de ensino pública ou particular, pois é a partir dessa articulação que surgirá um diálogo no qual os pesquisadores em Educação Matemática poderão encontrar um eco para as suas ideias e, certamente, poderão ampliar continuamente o seu raio de abrangência na elaboração de estudos e programas que possam contribuir para a superação das dificuldades encontradas por toda a comunidade, em se tratando de Educação Matemática.

4

História da Matemática para uma renovação didática nas aulas de Matemática

Iran Abreu Mendes

Assim como nem sempre nem em qualquer lugar, não importa quantas boas sementes se lançam. Conseguem-se coisas novas, do mesmo modo também os vínculos que devem prender sempre brotam onde estiver a virtude da eficácia. Assim acontecerá também no seu devido tempo e com a adequada disposição dos destinatários (Giordano Bruno, SD).

História da Matemática para uma renovação didática nas aulas de Matemática

Iran Abreu Mendes

Nota de Abertura

D O EXCERTO de Giordano Bruno, mencionado na página anterior, compreende-se que na história do conhecimento humano sempre poderão ser identificadas quantas sementes foram lançadas ao longo do espaço-tempo, mas não importa quantas boas sementes se lançam. O que importa são os frutos que poderão ser gerados de tempo em tempo.

Este capítulo foi originalmente publicado na forma de artigo, intitulado *História da Matemática como uma reinvenção didática na sala de aula*[31]. Sua finalidade foi discutir abordagens didáticas para a Matemática da educação básica, que objetivem promover integrações de informações acerca do desenvolvimento histórico das ideias matemáticas em sala de aula, desde que priorizem o rigor e a naturalidade no tratamento dos assuntos matemáticos. Neste livro, procurei manter a intenção do artigo original, com acréscimos de uma discussão mais aprofundada a respeito do tema, visando oferecer aos professores de Matemática da educação básica e da licenciatura um encaminhamento didático que possa contribuir nas suas ações docentes.

Para tanto, indico aspectos centrais a serem focados no momento de se inserir a dimensão histórica nas aulas de Matemática, como uma apresentação temática e material, desenvolvimento conceitual construído a partir da exploração de fontes primárias ou secundárias na

---

[31] Artigo Publicado Originalmente na Revista Cocar n. 3 (2017): Edição Especial n. 3. Dossiê: Educação Matemática. Jan./Jul. 2017. Neste capítulo foram ampliadas diversas das ideias inicialmente apresentadas no artigo.

forma de atividades didáticas que poderão ser utilizadas pelo professor para introduzir, ilustrar ou aprofundar um conceito a ser ensinado.

O capítulo inicia com meus apontamentos iniciais e, em seguida, está organizado em seis seções na forma de questões a serem respondidas: 1) de qual história e de qual Matemática tratamos?; 2) sobre qual história da Matemática no ensino de Matemática?; 3) por que e qual história no ensino da Matemática?; 4) sobre qual transposição didática dessa história?; 5) sobre qual reinvenção matemática a ser ensinada?; 6) por que uma reinvenção didática das histórias da Matemática na sala de aula?

Apontamentos iniciais

Os modos de ensinar adotados atualmente na licenciatura em Matemática e, mesmo na educação básica, atendem aos interesses dos estudantes? O que os estudantes aprendem a partir do modo como ensinamos ou como pensamos ensinar? Certamente, não tenho resposta para tais questões, mas desde que fui estudante de graduação em Matemática, tenho me questionado e muito me preocupado com a tentativa de encontrar respostas para essas questões. E é por considerar que tais respostas não são definitivas, mas sempre em ampliação, volto sempre a esse assunto e a essas questões levantadas quando tratamos do ensino de Matemática. Pensar sobre elas inclui pensarmos em múltiplas abordagens para que se alcance a aprendizagem dos estudantes.

Ao longo de minha experiência docente, percebi que usar a investigação no ensino de Matemática oportuniza aos estudantes um exercício de leitura, de escrita e de discussão das ideias matemáticas, bem como suas relações com outras áreas de conhecimento. Desde as duas últimas décadas do século XX, percebo que tal exercício pode ser mais enriquecido quando associado aos aspectos históricos que envolvem a produção de conhecimento matemático no tempo, no espaço e nos contextos socioculturais em que esse conhecimento foi produzido e utilizado. Por esse motivo, considero que essa é uma das formas produtivas para se concretizar um ensino de Matemática que oportunize uma educação autônoma, criativa e ampliadora da cognição humana.

Atualmente, tem se ampliado os estudos sobre possíveis abordagens didáticas que podem ser propostas para o ensino da Matemática com base na história desta disciplina. Uma das maneiras indicadas para se colocar em prática essa perspectiva pedagógica é revisitar da melhor maneira possível os momentos históricos que envolvem os personagens e suas práticas, que conceberam as noções, conceitos e propriedades matemáticas que se pretende ensinar, de modo a desafiar a capacidade dos estudantes para exercitarem estudos, pesquisas e problematizações que estimulem suas estratégias de pensamento e, daí, poder culminar na sua produção de conhecimento durante a atividade de estudos. Tal abordagem didática pressupõe que o estudante pode ter uma oportunidade enriquecedora de se inserir ao máximo possível no contexto do matemático, pelo texto matemático escrito por ele, a comunidade em que viveu, trabalhou e produziu tal matemática, em busca de estabelecer uma explicação múltipla para as noções matemáticas que precisará aprender.

Por meio desse tipo de abordagem didática é possível, ao professor, utilizar um material útil para a apresentação e discussão de tópicos dos programas de Matemática dos cursos de história da Matemática na graduação ou na Matemática abordada na educação básica. Nesse sentido, não se trata de apenas mostrar que os conceitos abordados pela Matemática acadêmica têm uma história, mas que muitas vezes remonta ao nascimento da história em si, e que tudo o que é ensinado já foi pensado e praticado por outros há muito tempo. Nós nos limitamos ao presente, ou, às primeiras ocorrências sobre um conceito ou tópico matemático, sem seguir todos os desenvolvimentos da teoria para a qual eles foram submetidos, no momento de conduzir a apresentação que fazemos tradicionalmente, em nossos cursos.

É importante reconhecer, entretanto, que essa forma de propor a inserção da história nas explicações matemáticas na sala de aula é composta por outros aspectos que mostram os diversos modos de como um determinado tema relacionado à Matemática se desenvolveu no tempo e no espaço, e como esse assunto foi se constituindo em teoria no campo acadêmico por meio de questionamentos, respostas, novos questionamentos e problematizações que, consequentemente, fizeram emergir a necessidade de uma axiomatização de tal assunto (conceito, noção e teoria).

A História como um agente de cognição na Educação Matemática

Para poder dar o primeiro passo na compreensão desse processo, com vistas a estabelecer ações e conexões entre a Matemática, sua história e seu ensino, é necessário que se faça alguns esclarecimentos acerca dos significados atribuídos ao termo história e de que modo a Matemática está situada nessa história, de modo a fornecer materiais informativos para a realização de transposições que contribuam para o exercício do ensinar e do aprender Matemática com significado. Também que a história da Matemática não é apenas uma história de definições de objetos matemáticos, mas de um processo criativo que envolve sociedade, cultura e cognição. Para que possamos materializar nossos encaminhamentos em busca dos significados dessas histórias para uma transposição didática da Matemática na escola, focalizaremos a seguir algumas questões que nos levarão caminhos afora. A primeira delas diz respeito aos esclarecimentos referentes a qual história tratamos em nossa proposta e de que modo a Matemática está situada nessa abordagem.

De qual história e de qual Matemática tratamos?

Do nosso ponto de vista, a sociedade humana produz cultura e é a partir dessa cultura produzida que será possível extrair histórias. Histórias das ideias humanas, ou seja, das nossas tentativas de responder aos desafios surgidos no tempo e no espaço, e dos quais tentamos nos deslocar de modo a superar as dificuldades e, assim, encontrar meios para sobreviver no planeta, sempre na tentativa de encontrar melhores possibilidades de manutenção da vida.

A história da qual falamos é uma história das explicações e compreensões sobre os objetos existentes no mundo e das construções de realidades que podem ser estruturadas e reestruturadas, na medida em que a sociedade reflete, se reinventa e redireciona seu modo de ser; isto é, uma dinâmica cultural que exige esse movimento de construção da realidade.

Esclarecemos, portanto, que a história da qual trataremos está focalizada no aspecto cultural no qual a sociedade se fundamenta para se instituir, pensar e produzir ideias, de modo a tomá-las como diretrizes de ordem e de poder na construção social da realidade, com base nos conhecimentos estabelecidos na vida cotidiana em busca de compreender e explicar as práticas sociais como um processo dialético entre a realidade objetiva e subjetiva, conforme destacam Berger e Luckmann (2012).

É importante ter em mente que a objetividade do mundo institucional, por mais maciça que pareça ao indivíduo, é uma objetividade produzida e construída pelo homem. O processo pelo qual os produtos exteriorizados da atividade humana adquirem o caráter de objetividade é a objetivação. O mundo institucional é a atividade humana objetivada, e isso em cada instituição particular (Berger; Luckmann, 2012, p. 84)

Nesse sentido, a Matemática é uma produção social construída nessa realidade objetiva, mas que também recebe uma carga subjetiva, na medida em que se estabelece entre o individual e o coletivo em busca de solucionar problemas das mais diversas ordens em todos os tempos. É nessa dualidade objetiva-subjetiva que compreendemos a construção histórica estabelecida socialmente, ou seja, a construção de uma história social, ou melhor, sociocultural, pois é necessário considerar a relação entre sociedade e cultura plenamente evidenciada nas construções históricas da realidade, dentre as quais a Matemática é parte. Essas discussões acerca da construção social da realidade, a ser observada historicamente, foram renovadas nos trabalhos de Claude Lévi-Strauss (1989)[32] na antropologia, ao tratar da relação entre o concreto e o abstrato no pensamento humano, ao tratar da relação natureza e cultura.

Igualmente, tais discussões ganharam eco nas proposições sobre história da ciência, lançadas por Thomas Kuhn (2011)[33], ao tratar dos conceitos de estrutura, de revoluções científicas e de paradigma para explicar essa construção social, e, por fim, nas proposições de Michel Foucault (2000)[34] na filosofia, ao reinventar os conceitos de arqueologia, genealogia e regime para abordar os modos de pensar e agir na construção social da realidade. Além desses três pensadores, há muitos outros que, no decorrer do século XX, trataram do assunto como, por exemplo, Ludwik Fleck (2010), dentre outros que instituíram os estudos e pesquisas em história social da ciência, onde se inclui a Matemática.

Nessa dinâmica, diversos filósofos focalizavam suas reflexões acerca da Matemática como uma maneira de explicar e compreender a

---

[32] Esse livro foi publicado originalmente em francês no ano de 1962.
[33] O original desse livro foi publicado em inglês no ano de 1962.
[34] Esse livro foi publicado originalmente em francês no ano de 1969.

154 A História como um agente de cognição na Educação Matemática

realidade social em suas dimensões macroscópicas e microscópicas, inserindo diversos grupos sociais, dentre os quais a escola, as universidades, as academias de ciência e outras instituições por onde a Matemática pode ser tomada como cultura humana. Ainda a esse respeito, também enunciaram suas proposições. Podemos mencionar, por exemplo, as discussões e argumentações estabelecidas por Imre Lakatos (1998)[35] e Kitcher (1984). É nessa perspectiva que trataremos da Matemática e de sua história como uma base para a inserção de uma dimensão histórica no ensino de Matemática, em busca da construção de significados para os objetos matemáticos na sala de aula.

> Se o recurso à história real tem o mérito de trazer para si procedimentos matemáticos, tem também outros efeitos questionáveis como nomeadamente transpor a procura da origem, pensada por Husserl no registro de um campo transcendental à procura de começos historicamente reais. É que a transição para a história real não produz necessariamente a suposição da historicidade de um sentido de formações como matemática, que envolve estruturalmente a ideia de um ponto de partida. Por muito tempo foi localizado na Grécia antiga, o que é infundado e rejeitado na não-matemática, o empirismo, a tentativa da tentativa e erro defendida por Kant, emprestada para explicar o utilitarismo da matemática dos egípcios. A historiografia do século XX reconhece que não podemos simplesmente identificar o operativo com o empírico e que, além da forma teórica matemática grega, havia formas de diferentes racionalidades, a partir das quais se desenvolvia o conhecimento genuíno (Caveing, 2004, p.55) .

Nesse sentido, Jean-Pierre Vernant (2002), no livro *Entre mito e política*, dedica um capítulo às discussões sobre razão e racionalidades gregas. No referido capítulo, o autor argumenta sobre a importância histórica e social do surgimento de uma pluralidade de racionalidades em busca de explicações para fenômenos de todas as ordens, sejam elas físicas, químicas, biológicas, matemáticas e culturais em geral. Para esclarecer seus pressupostos, Vernant toma a civilização como exemplo e menciona aspectos acerca da razão ontem e hoje, as formas de crença e racionalidades na Grécia antiga e como, no desenvolvimento histórico dessa civilização

---

[35] Esse livro foi publicado originalmente em inglês no ano de 1971.

até ao advento do pensamento racional como uma modalidade politicamente estabelecida, para operacionalizar explicações de fatos e fenômenos que envolvessem a sociedade grega.

Dos modelos de racionalidades gregas preservados no decorrer dos séculos, foi se constituindo o que se desenhou como o pensamento ocidental, no qual está ancorado o modelo hegemônico de admitir os modos como a Matemática se constitui. No entanto, é necessário compreendermos melhor de qual Matemática tratamos. Reiteramos, portanto, que a Matemática à qual nos referimos é na verdade a cultura matemática, ou seja, a Matemática construída socioculturalmente. Trata-se de uma cultura de práticas pensadas, experimentadas e refletidas socialmente e que, consequentemente, fazem emergir modelos explicativos de tais matemáticas, dentre os quais os modelos que se incorporam às matemáticas acadêmicas e que são transportadas para o sistema educacional.

A respeito da criação desses modelos pela ciência em seu desenvolvimento histórico-epistemológico, Bunge (2013) menciona que a conquista conceitual da realidade começa, o que parece paradoxal, por idealizações. Trata-se da esquematização, seguida de uma formulação de uma imagem teórica do modelo esquematizado e seus processos posteriores de operacionalização, análise e reformulação das explicações relacionadas às conexões entre o objeto modelo e o modelo teórico. Esse é um exercício que se constitui em uma das maneiras práticas de se pensar, verificar e explicar a criação de teorias matemáticas no tempo e no espaço.

De acordo com o que nos assinala Caveing (2004, p. 55-56), o campo da pesquisa histórica recebe uma extensão de informações do passado, em busca de compreender o início das relações gregas com o modelo de pensamento vigente entre os ocidentais. Uma peregrinação às fontes vem sendo realizada para buscar justificativas que esclareçam como o conteúdo desse conhecimento foi criado e acumulado, de modo a poder obter subsídios que contribuam para se criticar as finalidades dessa criação matemática. Nesse sentido, Caveing (2004) menciona que o processo de compreensão sobre o surgimento desses modos ocidentais de fazer Matemática se complexifica quando se investe na compreensão do desenvolvimento histórico da Matemática na Índia, na China e no Japão, por exemplo. Nesse processo, foi necessário admitir a existência de variáveis culturais na maneira de fazer Matemática, como não somente os diversos algoritmos operacionais e conceitos irredutíveis, mas também os modos de procedimentos de justificação, distintas da forma demonstrativa grega.

> Além disso, ficou claro que a matemática escrita aparece a menos que a exceção cultural grega nos grandes estados administrativos ou impérios; de fato, escrever expande consideravelmente o alcance e a complexidade do cálculo além do cálculo mental. Em seguida, são introduzidos sistemas de numeração de símbolos para números inteiros e frações, que envolvem certas regras de cálculo e são fornecidos com certas propriedades. Este simbolismo é anterior a qualquer forma de atividade matemática. Mas os sistemas estão em muitas civilizações e conhecem princípios diferentes, incluindo como registrar poderes básicos. Onde, portanto, ainda se esconde o começo? (Caveing, 2004, p. 56).

Tais maneiras de compreender e explicar essas práticas fazem surgir matemáticas descritivas dos fenômenos naturais, culturais e sociais que, por transposição, ocasionaram o surgimento das matemáticas escolares, em vistas de que as práticas sistematizadas precisaram ser incorporadas a um modelo de formação social e, nessa dinâmica, as práticas matemáticas também passaram a ser tomadas como um dos eixos dessa formação. É desse momento que também se oficializam, no sentido do substantivo ofício[36], as matemáticas produzidas por matemáticos profissionais. É também delas que tratamos quando investigamos historicamente para entender, compreender e explicar os modos de pensar e fazer Matemática pela sociedade ao longo do espaço-tempo histórico.

Sobre qual história da Matemática no ensino de Matemática?

Com base no que tratamos desde o início desta parte do artigo, podemos reiterar, então, que a história sobre a qual argumentamos ser favorável à inserção em sala de aula refere-se às histórias no plural, pois estão conectadas, integradas ou mesmo tecidas em meio a outras histórias das mais diversas qualidades. Logo, podemos considerar que são

---

[36] O dicionário refere-se ao termo *ofício*, lhe atribuindo o seguinte significado: qualquer atividade de trabalho que requer técnica e habilidade específicas. Trata-se, ainda, de ocupação, profissão, emprego.

histórias sobre as produções de ideias matemáticas e suas materializações em múltiplas linguagens representativas, e talvez também seja dessa multiplicidade que surge a característica plural dessas histórias. Se esquecemos ou desprezamos essa pluralidade, tendemos a empobrecer qualquer abordagem dita ou concebida como transversal, integrada ou até mesmo contextualizada para a Matemática que ensinamos.

Essas histórias focalizam muito mais as sistematizações dos conteúdos matemáticos no tempo e no espaço, sem perder de vista personagens, sistemas políticos e filosóficos que ocasionaram essas produções sistematizadas, bem como os modos nos quais essas histórias foram se tornando decisivas na transposição e institucionalização dos conteúdos adotados nas escolas da educação básica, atualmente. No caso das licenciaturas em Matemática, por exemplo, essas histórias têm um caráter decisivo na compreensão das relações epistemológicas estabelecidas pelas matemáticas em suas dimensões sociais inseridas nos diversos meios acadêmicos e escolares.

Cabe ao professor pensar cuidadosamente sobre para o quê e para quem é essa história da Matemática. Em nosso modo de pensar e agir na formação de professores de Matemática, a história que compreendemos como importante para o desenvolvimento da aprendizagem matemática dos estudantes em sala de aula é uma história que tem a vocação de explicar a organização conceitual das matemáticas produzidas no tempo e no espaço.

Assim, essa história pode ser tomada como um aporte para esclarecimentos de cunho epistemológico e didático, podendo contribuir para o professor explicar e orientar a organização das matemáticas escolares. Nesse sentido, as informações históricas poderão ser utilizadas para auxiliar o professor de Matemática a melhorar o planejamento e a execução de suas explanações durante as aulas, bem como para justificar os modos de produção matemática no tempo e no espaço. Trata-se de uma história que deve ser dirigida aos estudantes de licenciatura em Matemática, aos professores de Matemática da licenciatura em Matemática, aos professores da educação básica e, de maneira um pouco indireta, aos estudantes da educação básica.

Por que e qual história no ensino da Matemática?

Uma das justificativas que mais encontramos a respeito da indicação do uso didático ou pedagógico das informações históricas nas atividades de ensino de Matemática aparecem no sentido de contribuir para a ampliação da compreensão dos estudantes acerca das dimensões conceituais da Matemática, bem como das contribuições didáticas para o trabalho do professor, e para fortalecer suas competências formativas para o exercício de ensino.

Além disso, diversos especialistas no assunto têm apontado que esse modo de encaminhar as atividades de ensino de Matemática é importante para esclarecer os aspectos formativos, informativos e utilitários da Matemática, principalmente no sentido de conduzir os estudantes ao acervo cultural da Matemática, com a finalidade de desenvolver seu interesse pelo assunto e estimular a preservação dessa memória intelectual humana.

Igualmente, há outros indicativos de que a inserção das discussões sobre o desenvolvimento histórico da Matemática no ensino da disciplina se torna de extrema importância para dar significado ao conhecimento matemático ensinado e aprendido por estudantes da educação básica e superior. Para se compreender melhor esses argumentos que pretendem fortalecer a justificativa do uso dessas informações históricas nas aulas de Matemática, é necessário que se tenha clareza sobre quais histórias tratamos e de que modo nos referimos direta e indiretamente à Matemática a ser ensinada, e até que ponto essas histórias podem ser utilizadas pedagogicamente.

Assegurar qual deve ser a história adequada ou não para ser usada no ensino da Matemática é uma questão bastante difícil, mas que provoca a manifestação de professores especialistas ou não sobre o tema, sempre com a intenção de expor seus argumentos reforçadores ou contrários ao uso dessas informações para o desenvolvimento da aprendizagem matemática dos estudantes. Ressaltamos, entretanto, que não se trata somente de promover a aprendizagem, mas sim de estabelecer princípios formativos relacionados à pesquisa, à autonomia de estudos e espírito científico, tal como propõe Mendes (2015), quando argumenta sobre a investigação histórica como princípio de ensino e de aprendizagem da Matemática.

Diante do que foi mencionado anteriormente, podemos asseverar que a história da Matemática que consideramos adequada para ser inserida no desenvolvimento conceitual dos estudantes refere-se diretamente ao desenvolvimento epistemológico das ideias, conceitos e relações matemáticas ensinadas e aprendidas na educação básica e no ensino superior. Trata-se, mais concretamente, das histórias relacionadas aos aspectos matemáticos em seu processo de criação, reinvenção e organização lógica, estabelecido no tempo e no espaço com a finalidade de sistematizar soluções de problemas de ordem sociocultural, científica e tecnológica, em todos os tempos e lugares.

Assim é que consideramos a cultura matemática historicamente instituída que tem um potencial enriquecedor e viável para esclarecer os estudantes sobre os modos como a Matemática se desenvolveu temporal e espacialmente. É necessário, portanto, esclarecer os leitores que nem todas as informações históricas podem conter um potencial que contribua de maneira suficiente para se ensinar Matemática. Vejamos um pouco mais sobre esse aspecto dessas histórias. As histórias que tratam exclusivamente sobre a vida dos matemáticos ou apenas dos professores de Matemática, e que têm apelo fortemente biográfico, podem contribuir de forma apenas ilustrativa para o ensino e a aprendizagem de conceitos, propriedades e relações matemáticas, se forem exploradas apenas no âmbito dessas biografias.

Uma alternativa para a superação dessas limitações das biografias é que o professor deve planejar, executar e avaliar o desenvolvimento de projetos de investigação histórica que avancem com relação à conexão entre vida, obra e o fazer matemático desses sujeitos investigados, de modo a ir além da simples biografia. Caso contrário, essas histórias com enfoque central nas biografias poderão tender a se configurar apenas como histórias pitorescas e anedotárias relativamente a personagens da história da Matemática.

Outro aspecto que merece muita cautela por parte do professor é a utilização de lendas e mitologias relacionadas às histórias das matemáticas, tais como encontramos muitas vezes em livros de literatura, ou mesmo em livros de história da Matemática, ou ainda em paradidáticos, cuja elaboração está baseada nas informações históricas de fontes não seguras ou que apostam no imaginário. O professor poderá utilizar tal material desde que saiba explorar o potencial imaginativo do material e estimular o exercício de problematização nos estudantes, bem como a sua capacidade criativa para criar algumas matemáticas e conectá-las ao conteúdo programático previsto no planejamento do professor. As histórias romanceadas apresentam esse potencial em suas elaborações e, muitas vezes, podem ser prejudiciais se não forem bem utilizadas pelo professor.

Outras histórias da Matemática na sala de aula que se apresentam com características um pouco inadequadas para uso pedagógico são aquelas que se apresentam como sinônimos de narrativas históricas sobre nomes, datas e locais, sem configurar fundamentalmente o desenvolvimento dos conceitos, propriedades e relações matemáticas.

Novamente, reiteramos que o professor precisa redirecionar o uso dessas histórias para promover o exercício de uma investigação histórica mais ampliada a partir delas, e encaminhar a composição de um cenário onde as histórias do desenvolvimento conceitual sejam agregadas às informações existentes. Daí sim poderá sistematizar as ideias matemáticas que precisam ser formalizadas na aprendizagem dos estudantes. Para a concretização desse exercício, é necessário compreender que:

> a história dos objetos culturais humanos é mais semelhante à história das espécies, que pode ser modelada, com precisão razoável, com a matemática típica dos sistemas dinâmicos (isto é, a matemática da teoria do caos). A história da matemática, portanto, é menos parecida com a história de uma marcha linear e mais parecida com a história das moléculas que trombam umas com as outras numa panela de pressão: é óbvio que o estado atual das moléculas pode ser explicado pela sucessão de estados anteriores, mas é impossível dizer, exceto em termos estatísticos, onde cada molécula estará depois de mais um minuto de fervura — pois a história das moléculas na panela é de natureza aleatória (Revista Cálculo, 2013, p. 40).

Para finalizar nossas reflexões e sugestões no tocante a qual história deve ser usada no ensino de Matemática, reafirmamos que ensinar Matemática com apoio na história do desenvolvimento das ideias matemáticas não significa ensinar história da Matemática. Nesse sentido, caberá ao professor o exercício de transposição didática a ser operacionalizado em sala de aula, associado ao exercício investigatório ao qual está fundamentada toda a nossa proposta de uso didático da história no ensino de Matemática. Para melhor esclarecermos essa relação, faremos uma pequena inserção no que diz respeito aos princípios estabelecidos pela didática francesa acerca do que Yves Chevallard (1985) denomina de Transposição Didática, embora não seja de nosso interesse enveredar por esse caminho, mas sem desconsiderá-lo no momento das ações didáticas do professor, seja qual for a tendência pedagógica à qual esteja filiado ou adote para o desenvolvimento da aprendizagem de algum tópico matemático em sala de aula.

Sobre qual transposição didática dessa história?

A expressão transposição didática aparece na perspectiva de constituição do saber escolar, pois educação escolar não se limita a fazer uma seleção de saberes que estão disponíveis na cultura em algum momento da história, mas sim transformá-los em saberes possíveis de serem ensinados e aprendidos na escola. Quando menciono o termo transposição didática me refiro à transposição de saberes, uma vez que a transposição didática pressupõe um trabalho de reorganização, mediação ou reestruturação dos saberes historicamente constituídos, em saberes tipicamente escolares, ou seja, em saberes ensináveis e aprendíveis, que possam compor a cultura escolar com conhecimentos que transcendem os limites da escola.

A esse respeito, muitos são os debates travados sobre esse processo de mobilização de saberes de um campo a outro na perspectiva de possibilitar apropriações a cada situação que se quer promover: conhecimento, aprendizagem e compreensão. Nesse sentido, as transposições circulam em uma roda viva entre os diversos campos de saber. A transposição didática é o processo que faz com que os objetos do saber matemático erudito se transformem em saberes a ensinar, inscritos no projeto de ensino, e depois em saberes de ensino.

Nessa perspectiva, o processo de mobilização de saberes estabelecido no contexto social e científico, para favorecer as atividades de ensino e de aprendizagem, ou seja, a transformação de um conhecimento estabelecido em um novo conhecimento a estabelecer-se, pode ser dinamizada por meio de transposições didáticas para que o conhecimento a ser ensinado se torne mais próximo e possível de ser aprendido. É nesse sentido que as matemáticas exploradas por meio de investigação histórica podem ser mobilizadas para a sala de aula, em um processo de transposição didática, para se constituir em aparato didático, viabilizando a aprendizagem de conceitos, propriedades e teorias matemáticas.

As informações históricas, portanto, passam a ser tomadas como os saberes já estabelecidos socialmente, que podem ser tomados como matéria-prima a ser manufaturada com a finalidade de transformar o conhecimento a ser aprendido em algo mais aproximado do aprendiz. Trata-se, na verdade, de uma reinvenção matemática que deveria ser mais bem apropriada aos objetivos de trabalho do professor e do nível de aprofundamento que precisa ser dado ao aprendiz, ou seja, ao estudante.

Sobre qual reinvenção matemática a ser ensinada?

Nesta seção, apresento aspectos que considero essenciais no processo criativo que caracteriza a construção de significados na Matemática produzida ao longo dos séculos; a reorganização desses significados para uma abordagem didática da Matemática ensinada na educação básica e na formação de professores de Matemática; exercícios de conexões cognitivas, cujas sinapses devem convergir para a compreensão e a prática da criação matemática em sala de aula.

A incorporação da heurística como cultura escolar, materializada por reinvenções do processo de produção matemática, nos estimula a aprender como buscar na história das práticas e elaborações matemáticas, em seus níveis experimentais e formais, aspectos que definem o contorno dos desafios que levaram à produção de tópicos matemáticos atualmente abordados no ensino fundamental, médio e superior.

Nesse sentido, considero de extrema importância que as licenciaturas em Matemática proponham um currículo de Matemática que tenha algumas finalidades centrais, como estabelecer e analisar as conexões didáticas e epistemológicas da construção de um trabalho pedagógico mediado pelo professor pesquisador, os estudantes de pós-graduação, os estudantes de licenciatura em Matemática e os professores da educação básica.

Nessa organização curricular, é importante deixar lugar para que os professores em formação possam exercitar a investigação de aspectos matemáticos nas histórias de práticas sociais e científicas, visando possibilitar-lhes a construção de outros fundamentos epistemológicos para os tópicos matemáticos aprendidos por eles e que, posteriormente, serão ensinados na educação básica no seu exercício docente como professores.

Além disso, essa reorientação curricular deve sugerir a promoção de discussões sobre as possibilidades didáticas e conceituais da investigação histórica em sala de aula nessa formação de professores de Matemática, tendo em vista suas implicações no desenvolvimento do processo educativo da educação básica, de modo a estimular nos professores em formação o desenvolvimento de habilidades investigativas e reflexivas acerca do desenvolvimento conceitual da Matemática, sob uma perspectiva histórica e epistemológica, a ser aprendida por eles e que serão ensinadas na educação básica. Essa pode ser uma aposta para que, no futuro, tenhamos estudantes mais autônomos no que diz respeito à busca de sua própria aprendizagem acerca do conhecimento matemático que lhe for exigido em qualquer instância da vida.

Essa reorientação curricular pressupõe o desenvolvimento de atitudes e hábitos de investigação do contexto sócio-histórico e cultural, a partir da área de conhecimento de cada profissional envolvido em tal contexto, no sentido de contribuir para a formação de um profissional mais comprometido com a qualidade do trabalho educativo a ser desenvolvido no contexto sociocultural em que está inserido.

Talvez essa reorientação possibilite a efetivação de um diálogo entre os conteúdos escolares abordados nas salas de aula e as práticas socioculturais e científicas estabelecidas no passado e no presente, na forma de um processo de estímulo ao exercício de criatividade matemática por parte do professor em relação ao estudante, de modo a possibilitar a incorporação desse exercício pelo estudante.

164 A História como um agente de cognição na Educação Matemática

Quando falamos de criatividade, nos remetemos a um fenômeno sociocultural. Logo, devemos compreender que não se trata de um fenômeno individual, mas como um processo coletivo e sistêmico que contribui para a ampliação da cognição social, pois ser criativo é praticar o pensamento divergente. Pensar criativamente é poder ser provocativo, paradoxal, metafórico, lúdico com o próprio pensamento, exercitando a sua flexibilidade para encontrar sempre melhores opções e melhores caminhos para toda e qualquer situação de vida, tanto pessoal, quanto profissional. Talvez essa seja uma das maneiras de se colocar as histórias da Matemática nas práticas de sala de aula.

Por que uma reinvenção didática das histórias da Matemática na sala de aula?

Para tratamos uma pouco mais sobre a inserção das informações históricas, como um agente provocador do exercício cognitivo no desenvolvimento da aprendizagem dos estudantes em sala de aula, precisamos inicialmente considerar que, quando o estudante faz qualquer questionamento sobre os temas matemáticos tratados em sala de aula, ele não está querendo saber das aplicações práticas. Talvez ele próprio pense que sim, que gostaria de conhecer as aplicações práticas, mas, na verdade, ele se contentaria com respostas de outra qualidade. Uma delas é explicar que o conhecimento a ser aprendido contribuirá para a ampliação de suas estratégias de pensamento e, consequentemente, o ajudará na sua produção de conhecimento, ou seja, aumentará sua capacidade de aprendizagem.

Em outro caso, o professor deverá explicar ao estudante que determinados assuntos em Matemática são ensinados por serem muito úteis para determinadas profissões. Logo, conhecer tal assunto poderá ampliar as possibilidades na escola e, na carreira, dará mais segurança com relação à Matemática que terá de aprender futuramente.

Por fim, o professor poderá extrair das informações históricas aspectos epistemológicos que favoreçam a sua explicação de porquês matemáticos e que, muitas vezes, favorecem a ampliação e o enriquecimento da aprendizagem dos estudantes, ocasionando até a manifestação de interesses para estudos futuros sobre os temas tratados pelo professor, a partir das informações históricas como problemas extraídos de fontes primárias ou modelos matemáticos criados ou reformulados em determinadas épocas, bem como diferentes formas de demonstrar um teorema ou justificar a existência de uma propriedade matemática.

Nesse sentido, considero que toda solução encontrada e proposta oficialmente para dar conta de responder a um problema é, particularmente, considerada uma solução validada em determinado momento histórico. A essa resposta, Mendes (2015, p. 100) denomina de uma questão resolvida, que, ao ser codificada e reutilizada em processo, poderá fazer surgir novas questões em aberto. É importante que o professor tente se colocar no lugar do criador dessas soluções para que possa incorporar da melhor maneira possível as justificativas e argumentações, para que sua solução seja compreendida e aceita pelos estudantes. Além disso, esse posicionamento lhe dará possibilidade de estabelecer diálogos criativos que subsidiem a incorporação de novos elementos agregadores à reformulação das teorias matemáticas que foram complementadas ao longo do desenvolvimento histórico da Matemática e, com isso, poderá ampliar sua compreensão sobre a formulação do conceito que está a aprender em sala de aula.

Entretanto, com base nas experiências que desenvolvi com estudantes da educação básica e professores em formação inicial ou continuada, referentes à utilização da história no ensino da Matemática, admito cada vez mais ser possível o uso da investigação histórica nas aulas de Matemática, por ter percebido que os estudantes, quando em contato com essa proposta metodológica, desenvolvem um processo significativo de compreensão da realidade e estabelecem relações com os aspectos matemáticos nela envolvidos. Assim sendo, considero o uso da investigação histórica uma estratégia didática de fundamental importância para a aprendizagem matemática apoiada nas problematizações sócio-históricas e culturais nas quais a Matemática foi construída.

Além disso, ao utilizar projetos de investigação histórica em sala de aula, o professor pode e deve estimular a capacidade de investigar e compreender a realidade que contorna o conhecimento da Matemática a ser estabelecido pedagogicamente na sala de aula. Esse processo poderá levar os estudantes e professores a construir novas representações acerca da Matemática, de homem e de mundo; pois, quando abrimos novos olhares para as coisas em uma perspectiva investigatória, é possível percebermos novas informações transmitidas por elas.

5

Recursos pedagógicos para o ensino da Matemática a partir da obra de dois matemáticos da Antiguidade

John A. Fossa

> Um matemático não poderia contar histórias para dar sentido ao seu trabalho? Se ele tentar expressar seu significado, só poderá iniciar uma narrativa em que se misturam intenções, objetivos, projetos, desejos, saberes, ações, convenções, interpretações. Estas são as paixões que o movem (Gabriele Lolli, 2018).

Recursos pedagógicos para o ensino da Matemática a partir da obra de dois matemáticos da Antiguidade

John A. Fossa

Introdução

NO ENTENDER do presente autor, as duas maneiras mais eficazes de usar a história da matemática como um agente de cognição na Educação Matemática são a elaboração de atividades construtivistas informadas pela história e a leitura de textos originais. O presente capítulo será dedicado a uma investigação da primeira dessas opções, enquanto a consideração da segunda será deixada para o próximo capítulo.

Apresenta-se aqui, então, uma forma de ilustrar como a história da Matemática pode ser usada como um recurso pedagógico na elaboração de atividades. Assim, tentaremos investigar certos tópicos e certos conceitos retirados da história da Matemática que podem ser úteis para abordar a Matemática do ensino básico. O professor de Matemática do referido nível poderá ter algum conhecimento de vários dos tópicos a serem abordados no capítulo, mas provavelmente apenas os compreendem como curiosidades interessantes. Esperamos que o tratamento mais pormenorizado a ser feito aqui revele como esses conceitos poderão ser transformados em subsídios eficazes para a aprendizagem.

Para melhor ilustrar a mencionada possibilidade do uso da história da Matemática na sala de aula, não faremos uma descrição sistemática de uma unidade de ensino, pois o referido tipo de descrição inevitavelmente teria de incluir muito material que não é relacionado com a história e, portanto, limitaria a discussão a poucos exemplos. Assim, optamos por investigar alguns conceitos de dois matemáticos neopitagóricos, mostrando como esses conceitos podem ser usados para informar atividades para o ensino de vários tópicos da Matemática. De fato, nossa intenção maior, mesmo quando isso não estiver explicitamente colocado no texto, será sempre ilustrar como a informação histórica poderá ser utilizada para estruturar as atividades de redescoberta.

Esperamos, portanto, que este capítulo seja útil ao leitor e que seja mais do que uma obra instrumental, pois almejamos, ainda, que possa contribuir para que o professor de Matemática veja a história da Matemática como uma fonte que poderá ajudá-lo a aprofundar sua própria compreensão da Matemática, bem como para que ele a apresente aos seus estudantes. É, decerto, na história da Matemática que vemos como a Matemática faz parte da cultura humana e isso certamente pode aumentar o interesse que o estudante terá pela Matemática.

Por que a Matemática antiga?

A nossa sociedade tem uma grande tendência a olhar para o futuro. Destaca assuntos emergentes, como a exploração do espaço e as revoluções ocasionadas pela cibernética. Parece ter pouco interesse no passado. Na verdade, pode-se indagar o que o passado tem a proferir a um futuro matemático, ou a um futuro cientista ou engenheiro. Ainda mais, o que é que o passado da Matemática tem a oferecer a um futuro médico ou advogado? O que é que tem a oferecer ao cidadão em geral? Os professores de Matemática, tanto no ensino fundamental e médio como no superior, tendem a agir como se a história da Matemática não fosse importante para a sua aprendizagem. A Matemática é um assunto técnico – parece ser o argumento – e, portanto, basta entender os algoritmos para usá-la corretamente.

No contexto pedagógico, a dissociação entre a Matemática e sua história é extremamente desagradável por várias razões, muitas das quais foram discutidas nos capítulos anteriores. Aqui, mencionaremos rapidamente só algumas. Em primeiro lugar, o conhecimento matemático, em contraste com as ciências que são mais sujeitas às revoluções kuhnianas, é de natureza cumulativa. A Matemática é construída, incessantemente, sobre as bases já construídas. Em consequência, o estudante precisa, no processo de aprendizagem, repensar o que já foi pensado por outros – ou seja, é necessário que o estudante se aproprie do que já foi elaborado por matemáticos anteriores. Esse processo de apropriação é semelhante à atividade de escalar uma montanha, pois o professor pode indicar quais são as trilhas mais apropriadas ou mais fáceis, mas é o estudante que tem de subi-la com seus próprios esforços. Assim, a história da Matemática é talvez mais relevante ao ensino da Matemática do que o caso da maioria das outras disciplinas.

Em segundo lugar, não queremos estudantes que saibam apenas manipular algoritmos com algum sucesso. Queremos estudantes que tenham uma compreensão profunda e crítica das partes da Matemática que estudam. Richard Skemp (1976) indicou isso com a sua distinção entre a compreensão instrumental e a compreensão relacional. A compreensão instrumental é o conhecimento mecanizado. É altamente indicado quando queremos, por exemplo, andar de bicicleta ou guiar um automóvel. Esse tipo de conhecimento nos permite executar atividades rotineiras com muito sucesso; no entanto, não contribui muito ao desenvolvimento da capacidade de enfrentar situações novas, resolver problemas novos ou avaliar situações complexas. Para tanto, precisa-se das habilidades críticas e metacognitivas da compreensão relacional. A investigação da história da Matemática é sempre uma atividade que envolve a compreensão relacional e, portanto, auxilia no desenvolvimento das habilidades matemáticas que queremos que seja alcançada por todos os nossos estudantes, sejam eles futuros matemáticos ou não.

Devemos mencionar, ainda, que muitos estudantes consideram interessantes os tópicos da história da Matemática. Assim, a história pode ser usada como um fator motivador na apresentação de material novo. Isso pode acontecer de duas formas diferentes. Primeira, de um ponto de vista mais holístico, a história da Matemática, como já mencionamos, revela as ligações da Matemática com outros aspectos da cultura humana. Segunda, de um ponto de visto matemático, devemos lembrar que os matemáticos anteriores se interessaram por certos conceitos e problemas. Assim, vários estudantes também acharão os mesmos problemas empolgantes e desafiantes quando se deparam com eles nos seus estudos. Infelizmente, muitas das tarefas que nós professores de Matemática infligimos aos nossos estudantes são repetitivas, enfadonhas e sem inspiração. A história da Matemática é, no entanto, uma fonte rica de problemas interessantes e desafiantes que podem ser incorporados ao ensino da Matemática, especialmente na forma de atividades de redescoberta ou de resolução de problemas.

Infelizmente, a história da Matemática é frequentemente usada na sala de aula como uma mera curiosidade ou, ainda pior, como uma maneira de fugir temporariamente da Matemática. Seu verdadeiro uso como um instrumento pedagógico, porém, somente ocorre quando conceitos e problemas históricos são integrados na rotina diária da sala de aula e se tornam parte da experiência matemática do estudante. As façanhas do passado, pelo menos na Matemática, não são monumentos a serem admirados de forma pasmada; são possibilidades excitantes a serem vividas e o estudante precisa lidar com elas, analisando-as, avaliando-as e até tentando melhorá-las. Esse é o espírito do presente capítulo.

Os dois autores antigos a serem investigados no presente capítulo também nos oferecem outra vantagem. Eles apresentam a aritmética dentro de um contexto geométrico e empírico. Devido ao fato de que a aritmética é muito familiar, tendemos a esquecer que é altamente abstrata e, portanto, difícil para o principiante. A geometria informal usada pelos referidos autores, no entanto, é uma abordagem intuitiva e visual, o que ajuda a fazer com que a Matemática abordada seja mais facilmente compreendida. Também favorece o desenvolvimento das intuições básicas do estudante sobre a estrutura do espaço em que vive. Infelizmente, muitos textos fornecem, apenas, um papel subordinado à geometria informal, fazendo uma distinção rígida entre a geometria e a aritmética. Não obstante, as vantagens que resultam do abrandamento da distinção são substanciais. Assim, as abstrações da aritmética são revestidas de um modelo visual, o que as torna mais adequadas para apresentação através de materiais manipulativos. Além disso, o cruzamento de ideias aritméticas e geométricas sugere analogias sugestivas e favorece a construção de esquemas cognitivos ricos. Isso, é claro, não somente promove a retenção e compreensão de conceitos, mas também ajuda no desenvolvimento de habilidades metacognitivas.

As fontes

Os dois matemáticos antigos, cujas obras são as fontes para o material a ser apresentado no presente capítulo, são Téon de Esmirna e Nicômaco de Gerasa. Suas obras são bastante semelhantes em termos de conteúdo e finalidades; contudo, são dessemelhantes em termos de estilo e organização. Téon tende a ser mais abstrato e conciso, enquanto Nicômaco tende a incluir mais material explicativo e exemplos numéricos. Foram, basicamente, contemporâneos, mas suas obras parecem ser independentes uma da outra. É possível, porém, que tivessem uma ou mais fontes em comum. Em qualquer caso, é certo que os dois conheceram bem a filosofia platônica e fizeram parte da tradição neopitagórica com a sua ênfase na Matemática como a chave para a compreensão do mundo. De fato, a finalidade explícita dos dois escritores é explicar alguns aspectos da Matemática que formam a base da referida tradição.

O livro de Téon é *Mathematics Useful for Understanding Plato* (*Matemática útil para compreender Platão*). A edição consultada é a tradução para o inglês feita por Robert e Deborah Lawlor (Wizards Bookshelf, San Diego, 1979). Os Lawlor também incluíram uma tradução das notas explicativas feitas por J. Dupuis para a sua edição francesa em 1892. As notas são, de fato, uma grande ajuda na interpretação do estilo conciso de Téon. É interessante notar que a edição de Dupuis foi a primeira tradução completa do referido livro de Téon para uma língua moderna. Sabemos pouco sobre a vida de Téon. Foi, conforme já mencionamos, um respeitado neopitagórico e, provavelmente, viveu no início do segundo século da presente época. Esmirna era um importante porto, localizado na costa oeste onde hoje é a Turquia (ver a Figura 1). Assim sendo, ele foi um herdeiro não somente da tradição pitagórica, mas também de muito da especulação mística antiga sobre números e formas geométricas.

Figura 1: Mapa da Grécia e da Ásia Menor

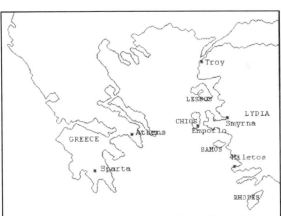

Fonte: Elaboração do autor

174 A História como um agente de cognição na Educação Matemática

Gerasa, como Esmirna, era também um lugar onde as culturas gregas e asiáticas encruzilhavam. Era parte do *Decapolis* (ver a Figura 2), uma confederação informal de dez cidades comercialmente importantes dentro do – e, é claro, subordinada ao – Império Romano. Não temos certeza sobre exatamente quais cidades pertenceram ao Decapolis, mas parece que foram as seguintes:

1 Damasco	6. Pella
2. Canatha	7. Gerasa
3. Hippos	8. Philadelphia (Amman)
4. Gadara	9. Dium
5. Scythopolis	10. Raphana.

Nem Dium nem Raphana têm sido localizadas com certeza. Há, ainda, três ou quatro possibilidades para a localização da primeira; mas para a segunda, não temos nem isso. Seja como for, Gerasa (ou Jerash), localizada na Palestina, tinha uma cultura que misturava as tradições gregas e hebraicas. Acredita-se, devido a evidências linguísticas, que o outro autor que estamos abordando, Nicômaco, era grego, filho de uma família próspera. A tradição antiga sobre ele afirma que estudou com os melhores professores de Matemática da Alexandria, sede de um grupo importante de pensadores neopitagóricos no início da era cristã.

A reputação de Nicômaco como um matemático profundo, embora desmentida por vários historiadores recentes que não entendem a tradição neopitagórica, foi muito difundida e duradoura entre os antigos. Proclo (411-485 a.D.), por exemplo, acreditou que ele próprio fazia parte da "Cadeia Dourada" de reencarnações de Pitágoras e que era, também, a reencarnação de Nicômaco. De fato, Nicômaco foi o autor de vários livros sobre diferentes campos da Matemática, a maioria dos quais, porém, não resistiram ao tempo. Mesmo assim, a sua *Introduction to Arithmetic* (*Introdução a Aritmética*), traduzida para o inglês por Luther D'Ooge (Macmillan, New York, 1926), não somente resistiu ao tempo, como foi, até o século XVI, o texto mais usado no ensino da aritmética, da mesma forma em que os *Elementos* de Euclides foi o texto mais usado no ensino da geometria.

Figura 2: Mapa do *Decapolis*

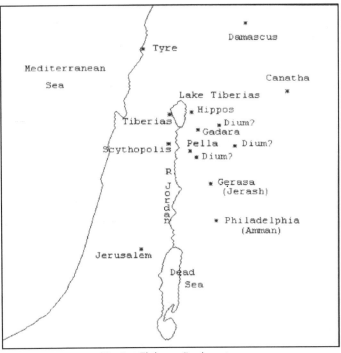

Fonte: Elaboração do autor

Sugestões pedagógicas

Embora não seja o propósito do presente capítulo fazer uma investigação detalhada sobre a maneira em que o material nele apresentado deve ser utilizado na sala de aula, será, de fato, apropriado fazer alguns comentários gerais. Em primeiro lugar, como já indicamos, os conceitos aritméticos dos autores antigos estão imersos num pensamento empírico. Para aproveitar ao máximo esse aspecto da aritmética antiga, o estudante deveria investigar os referidos conceitos usando materiais manipulativos. Para algumas das atividades, um conjunto de qualquer tipo de objetos pequenos será suficiente. Várias atividades, porém, enfatizam certas analogias geométricas e, para essas, será mais proveitoso usar objetos padronizados. No caso de atividades no plano, um conjunto de botões do mesmo tamanho, por exemplo, seria apropriado, ou, para estudantes menores, peças de um jogo de damas. No caso de atividades em três dimensões, algumas bolas de isopor, a serem ligadas com palitos, serão satisfatórias.

É também muito importante fazer com que o estudante investigue os conceitos por si mesmo, de preferência em conjunto com alguns colegas em pequenos grupos. Assim, o professor não deveria mostrar a solução ao estudante e meramente pedir para que repetisse o que já foi feito. A atividade será muito mais proveitosa se o estudante tiver que refletir sobre o problema posto, investigando-o por si mesmo. Dessa forma, especialmente quando a investigação é feita em pequenos grupos, a estimulação intelectual será muito benéfica.

Finalmente, é importante integrar as representações orais e escritas dos conceitos investigados. Assim, o estudante deveria manter um registro escrito de cada atividade, incluindo, quando apropriado, diagramas esquemáticos e/ou geométricos; tabelas contendo resultados de cálculos ou registros de casos investigados; formulações aritméticas das relações envolvidas; conjecturas etc. Sempre que o tempo permitir, cada grupo deverá ser levado a compartilhar seus resultados com os outros e com visitantes de outras classes.

Número, do ponto de vista de divisão

A divisão é uma das mais problemáticas barreiras no ensino da aritmética. Isso porque a divisão não é uma verdadeira operação sobre os inteiros, não sendo fechada para esse conjunto. Mesmo assim, quando abordada de forma apropriada, através, por exemplo, da ideia de repartir um conjunto de objetos, é um conceito bastante intuitivo. Se, no entanto, insistirmos na ideia de repartir um conjunto de objetos igualmente entre um certo número de pessoas, a criança que não tem dominado a noção de frações terá um grande problema em decidir quem ficará com o resto. Paradoxalmente, podemos evitar esse problema, usando uma ideia mais abstrata, a classificação de números naturais, generalizando o método que Téon e Nicômaco usaram para definir números pares e ímpares. Na referida abordagem, a presença de um resto não-nulo meramente implica que um número não pertence a uma certa classe e, portanto, o problema da justiça da repartição simplesmente não ocorre. Embora a ideia proposta, como já indicamos, seja teoricamente mais abstrata do que a

A História como um agente de cognição na Educação Matemática

da repartição igualitária entre pessoas, o uso de materiais manipulativos torna-a bastante concreta na prática.

Observamos ainda que divisão é logicamente independente das outras operações aritméticas, no sentido de que não é necessário saber as outras operações para aprender a dividir (embora possa ser necessário para efetuar alguns algoritmos referentes à divisão). Seja como for, porém, não estamos advogando uma mudança na ordem tradicional da apresentação das operações aritméticas. A ordem da apresentação, afinal, não é tão importante quanto a maneira usada para fazer a apresentação.

Como veremos a seguir, o método de Téon e Nicômaco, ou melhor, a generalização desse método, pode ser usada não somente para apresentar a divisão, mas também para definir números primos e até apresentar a congruência módulo m. Exceto no caso de congruência, basta que o estudante saiba contar para poder usá-la. A vantagem de apresentar alguns desses conceitos ao estudante, enquanto ele ainda está jovem, é que lhe permite desenvolver uma compreensão rica do que seja número e apreciar mais profundamente várias relações entre números.

O par e o ímpar

A categorização do número como sendo ou par ou ímpar é uma das classificações historicamente mais antigas de número. (Observe que por "número" sempre queremos dizer, exceto quando explicitamente mencionamos outro tipo, número natural, ou seja, os números 1, 2, 3,...) O estudante geralmente aprende os conceitos de números pares e ímpares através de definições, tais como um número par é um número que é divisível por 2 ou um número par é um número que tem 2 como um fator. Tais definições claramente pressupõem o conceito de divisão e, portanto, não seriam úteis na apresentação da referida operação ao estudante.

Seguindo o exemplo de Téon e Nicômaco, podemos representar números por coleções de objetos pequenos, como botões ou até sementes (de feijão, por exemplo). Então, ainda segundo nossos autores antigos, números pares são os que podem ser repartidos em dois grupos iguais, como na Figura 3.

Figura 3: 12 é par porque 12 pode ser repartido em dois grupos iguais

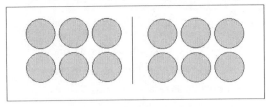

Fonte: Elaboração do autor

Os números ímpares, em contraste, não podem ser repartidos em dois grupos iguais, como indica a Figura 4.

Figura 4: 13 é ímpar porque 13 não pode ser repartido em dois grupos iguais

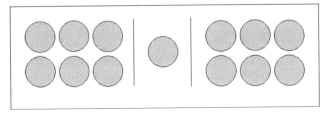

Fonte: Elaboração do autor

O estudante dever ser levado a fazer um estudo sistemático de um segmento inicial dos números naturais, investigando cada número com a ajuda do material concreto indicado acima e classificando cada número como par ou ímpar. A atividade pode ser feita por estudantes que ainda não estão alfabetizados e, nesse caso, sua representação será um simples desenho. Estudantes alfabetizados, porém, devem fazer um registro mais completo, como, por exemplo, o da Figura 5. Na referida figura, as entradas na primeira coluna identificam o número investigado. A segunda coluna contém um desenho esquemático do experimento feito com o material concreto, enquanto a terceira coluna contém uma descrição do resultado do experimento. Finalmente, a decisão sobre se o número é par ou ímpar é registrado na última coluna.

Figura 5: Exemplo de um registro

Alunos: Raimunda, Kelly, André & Bianca			
Data: 13 / 02 /2050			
Assunto: Números pares e ímpares			
1	●	não pode fazer dois grupos	ímpar
2	▢● ▢●	dois grupos de um	par
3	▢● ▢● ●	dois grupos de um e um de sobra	ímpar
4	▢●● ▢●●	dois grupos de dois	par
5	▢●● ▢●● ●	dois grupos de dois e um de sobra	ímpar
6	▢●●● ▢●●●	dois grupos de três	par

Fonte: Elaboração do autor

Observamos que os primeiros três casos podem oferecer algumas dificuldades para estudantes pequenos. Se isso ocorrer, basta não os fazer no início. O padrão que emergirá nos outros casos será o guia que o estudante precisa para resolver esses casos especiais posteriormente.

A atividade descrita acima pode ser generalizada em uma maneira óbvia para abordar, de forma semelhante, divisão por qualquer número natural. Porém, antes de discutir a referida generalização, apresentamos a seguir uma atividade sobre números pares e ímpares:

O professor explica ao estudante que tem um número par de botões num saco. Informa-o ainda que está acrescentando ao saco um número par de botões. Agora, tem um número par ou um número ímpar de botões no saco?

As várias combinações de par e ímpar podem ser usadas em seguida. O leitor certamente reconhecerá que a atividade é uma instância da conhecida regra "par + par = par". Para a criança, no entanto, a atividade poderá ser extremamente desafiante porque é muito abstrata.

Mesmo assim, pode ser feita antes que o estudante conheça o conceito da soma. Os únicos pré-requisitos são a habilidade de contar e o conhecimento do significado de "par" e "ímpar". A turma deveria investigar o problema em pequenos grupos e poderia investigar casos especiais. No entanto, o estudante deveria ser levado a tentar esboçar uma justificativa abstrata para a sua resposta. Dada a natureza da atividade, porém, o professor não deveria insistir na obtenção de uma resposta abstrata, caso o estudante não a conseguir. Talvez fosse interessante voltar a essa atividade mais tarde no ano letivo, quando o estudante tiver mais experiência com o pensamento matemático. Fazemos ainda mais uma observação. Muitas crianças têm grandes dificuldades em lidar com proposições condicionais ("se ..., então ...") e, portanto, sentenças desse tipo devem ser evitadas da elaboração e apresentação da presente atividade.

Potências de dois

Tanto Téon quanto Nicômaco, bem como Euclides, definiam tais conceitos como o "par vezes par" e o "ímpar vezes par". Os referidos conceitos formam uma subdivisão dos números pares, sendo a primeira, como veremos, potências de 2. Visto que não estamos pressupondo que o estudante já sabe o conceito de multiplicação, usaremos a tradução, sugerida pelos Lawlor, de "parmente par" e "imparmente par".

Consideremos qualquer número par, digamos 12. Visto que é par, poderá ser repartido em dois grupos iguais, no presente caso, dois grupos de 6. Agora podemos perguntar se os grupos são pares ou ímpares; isto é, no caso analisado, podemos repartir 6 em dois grupos iguais? Claramente, 6 é par (ver a Figura 6).

Ainda podemos perguntar se o novo subgrupo, o de 3 elementos, é par ou ímpar. Nesse caso, temos um subgrupo ímpar. Em geral, o processo de repartição continuada sempre desembocará em algum subgrupo ímpar, ao qual ponto o processo termina. Em alguns casos, como o do número 8, (ver a Figura 7) alcançamos o número 1. Nesses casos, dizemos que o número é parmente par. Em todos os outros casos, o número é imparmente par.

Figura 6: 12 é imparmente par

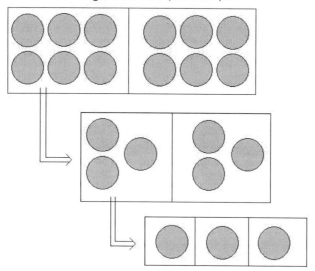

Fonte: Elaboração do autor

Figura 7: 8 é parmente par

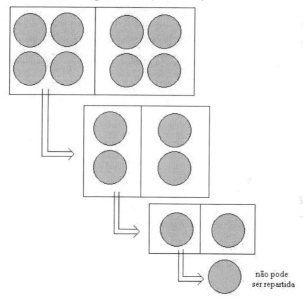

Fonte: Elaboração do autor

Procedendo da maneira descrita anteriormente, podemos, sem nem mencionar as operações de multiplicação e divisão, classificar os pares como parmente par ou imparmente par; para tanto, basta verificar se o processo termina em 1 ou em algum subgrupo ímpar maior do que 1. Assim, 8, por exemplo, é parmente par, visto que, começando com 8, o processo termina em 1, enquanto 12 é imparmente par, pois o processo, começando com 12, termina em 3. O estudante deveria fazer um registro, talvez semelhante ao da Figura 5, e especular sobre os padrões emergentes. Para estudantes mais velhos, podemos incluir uma discussão sobre as operações envolvidas, incluindo a de potenciação.

Repartição em três grupos iguais

Agora voltaremos a nossa atenção à generalização do processo usado para determinar os pares e ímpares. Isso foi feito através de repartir números, representados por conjuntos de botões ou outros pequenos objetos, em subconjuntos iguais. Divisão por n corresponde a repartir o conjunto, quando possível, em n subgrupos iguais. Ilustramos o procedimento quando $n = 3$. Infelizmente, nesse caso, bem como para casos com n maior, não temos uma terminologia conveniente como "par" e "ímpar". Assim, usaremos os termos "múltiplos de 3" (o que é conveniente para fazer a ligação com a operação de multiplicação), "1 a mais" e "2 a mais".

Na classificação proposta, há, é claro, três categorias em vez das duas categorias consideradas no caso dos pares e ímpares. A primeira categoria consiste em números, como 12 (ver a Figura 8) que podem ser repartidos em três conjuntos iguais. Esses números são os múltiplos de 3.

Figura 8: 12 é um múltiplo de três

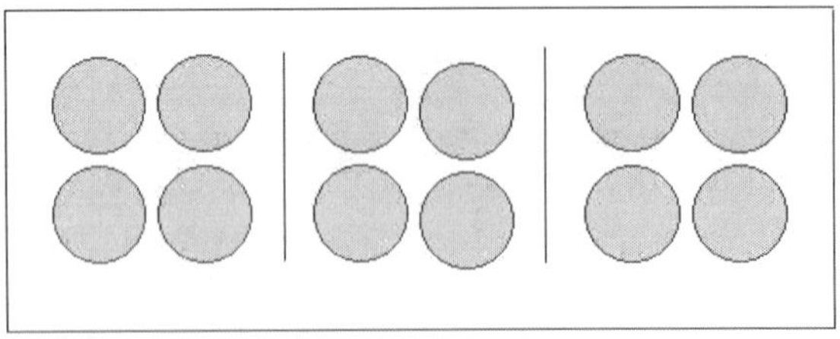

Fonte: Elaboração do autor

Em contraste, 13 pertence à categoria de 1 a mais (ver a Figura 9),

Figura 9: 13 é um 1 a mais

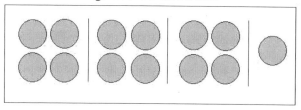

Fonte: Elaboração do autor

enquanto 14 pertence à categoria 2 a mais (ver a Figura 10).

Figura 10: 14 é um 2 a mais

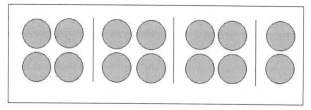

Fonte: Elaboração do autor

Mais uma vez, o estudante deve registrar por escrito o resultado da sua experiência. A Figura 11 mostra um exemplo de um registro em que o número investigado consta na primeira coluna e um desenho esquemático é feito na segunda coluna. As últimas duas colunas contêm a categorização e a representação matemática da repartição em termos de divisão (nos casos apropriados). Dependendo do estágio em que o estudante se encontra e o propósito da atividade, a última coluna pode ser eliminada.

A atividade proposta, através da classificação de números e da percepção dos padrões emergentes, ajuda a construir uma rede rica de fatos sobre os números e ainda embasa o conceito de divisão. Isso é proporcionado, ainda mais, pela decisão de usar as três categorias de "múltiplo de 3", "1 a mais" e "2 a mais". Se tivéssemos usado só as categorias "múltiplo de 3" e "não múltiplo de 3", por exemplo, as relações que emergiriam seriam empobrecidas. Ainda mais, poderíamos modificar a terminologia em seguida para obter os nomes "múltiplo de 3", "falta 2" e "falta 1", o que revelaria uma outra série de relações entre os números. Finalmente, poderíamos classificar os múltiplos de 3 nas categorias "triplamente múltiplos de 3" e "múltiplos mistos de 3". O procedimento é inteiramente análogo ao procedimento usado para os parmente pares e, mais uma vez, desemboca no conceito de potenciação.

Figura 11: Um possível registro

Alunos: Elena, George, Jorge & Mariana			
Data: 02 / 03 / 2050			
Assunto: Múltiplos de 3			
1	◆	1 a mais	
2	◆ ◆	2 a mais	
3	▢ ▢ ▢	múltiplo de 3	3÷3 = 1
4	▢ ▢ ▢ ◆	1 a mais	
5	▢ ▢ ▢ ◆◆	2 a mais	
6	▢ ▢ ▢	múltiplo de 3	6÷3 =2
7	▢ ▢ ▢ ◆	1 a mais	

Fonte: Elaboração do autor

Números primos

É fácil definir o importante conceito de número primo como os números que não podem ser repartidos em subgrupos iguais com mais do que um elemento. Isso corresponde à definição antiga dos primos como os que têm uma única parte alíquota. A Figura 12 mostra que 5 é primo, pois 5 não pode ser repartido em dois, três ou quatro grupos iguais. Observamos que um único grupo de 5 não corresponde à noção de repartição que estamos usando aqui. (De fato, não precisamos nos preocupar com divisão por 1 nesta etapa da instrução; será facilmente assimilada posteriormente.) É claro que 5 pode ser repartido em cinco grupos iguais, mas então cada grupo terá um só elemento, o que não é permitido pela definição.

Figura 12: Um possível registro

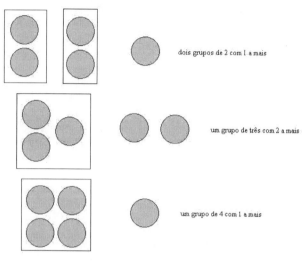

Fonte: Elaboração do autor

Assim, temos um procedimento operacional efetivo para a identificação dos números primos. As crianças menores provavelmente terão de utilizar material concreto para fazer a atividade aqui proposta. Crianças um pouco mais velhas, porém, poderão fazê-la a partir dos registros que fizeram nas atividades anteriores (repartição em n grupos iguais). Isso seria altamente salutar, pois é um passo na direção de mais abstração e valoriza o resultado das atividades anteriores como instrumentos de resolução de problemas novos.

Outras atividades poderiam ser apresentadas. O professor poderia perguntar, por exemplo, quantos registros seriam necessários consultar para determinar se qualquer número dado é primo. Não deveria esperar, no entanto, que o estudante pudesse obter a resposta correta no presente estágio do seu conhecimento, mas a pergunta vale como um exercício de resolução de problemas. Seria até possível apresentar ao estudante o crivo de Erastóstenes, pois não é necessário usar multiplicação para fazer um crivo. Basta contar. A mais importante parte da atividade, porém, é que a criança seja levada a pensar sobre conceitos fundamentais, como o dos números primos, em uma maneira que é intuitivamente compreensível. Isso servirá como uma base conceitual para uma discussão mais profunda posteriormente.

Figura 13: Um possível registro

Alunos: Maria Clara, Rose, José Eduardo & Henrique			
Data: 01 / 04 / 2050			
Assunto: Números Primos			
2	primo		
3	primo		
4	▪▪ ▪▪	tabela dos pares	4÷2=2
5	primo		
6	▪▪ ▪▪ ▪▪	tabela dos pares	6÷2=3
	▪▪▪ ▪▪▪	tabela de múltiplos de 3	6÷3 =2

Fonte: Elaboração do autor

Número do ponto de vista da soma

As atividades apresentadas anteriormente são bastante pareci-
das com várias atividades propostas na literatura construtivista. O componente histórico, porém, permitiu uma elaboração mais abstrata e uma
abordagem que evitou certos obstáculos cognitivos no seu uso. Agora vol-
tamos a nossa atenção aos números figurados. Esses são números novamente representados por conjuntos de objetos pequenos, que podem ser
dispostos na forma de certas figuras geométricas. Atividades baseadas
em números figurados também são conhecidas na literatura, mas espera-se que a atenção maior aos pormenores históricos traga consigo
uma formulação mais interessante, resultando em atividades que promovem o uso mais intensivo de habilidades metacognitivas da parte do
estudante. Uma outra vantagem do uso de atividades baseadas em números figurados é que elas integram o ensino da aritmética e o da geometria de maneira criativa, sugerindo analogias geométricas aos resultados aritméticos.

Para facilitar a exposição, usaremos notação como "t_n" para denotar o n-ésimo número triangular. Deve ficar claro que o referido tipo
de notação só deve ser usado na sala de aula quando estiver apropriado à
maturidade matemática do estudante.

Números triangulares

Números triangulares são números que podem ser dispostos na forma de um triângulo equilátero. Podemos destacar a relação geométrica, como é mostrada na Figura 14, por ligar os centros dos círculos exteriores ou por circunscrever a figura com um triângulo equilátero.

Figura 14: O quarto número triangular

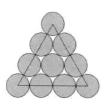
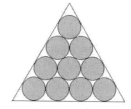

Fonte: Elaboração do autor

É possível usar outros tipos de triângulos para obter tipos diferentes de números triangulares. Não faremos isso no presente capítulo, mas talvez o estudante quisesse experimentar com os outros. Se fizer, ele deverá fazer uma listagem das vantagens e desvantagens de cada tipo.

A Figura 16 mostra os primeiros cinco números triangulares. O número 1 é um caso degenerado e, portanto, talvez seja mais eficaz apresentá-lo inscrito num triângulo como na Figura 15.

Figura 15: O primeiro número triangular

Fonte: Elaboração do autor

Será interessante informar o estudante que os pitagóricos consideraram o 1 como o princípio de tudo. Quando números quadrados são abordados, 1 pode ser apresentado como inscrito num quadro (ver a Figura 23) e comparado com o presente desenho (Figura 15), o que deveria esclarecer o conceito.

Figura 16: Os primeiros cinco números triangulares

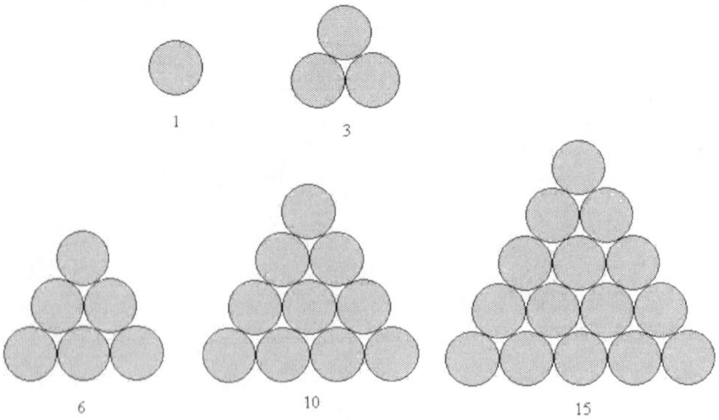

Fonte: Elaboração do autor

Um dos mais notáveis aspectos da Figura 16 é que os números triangulares formam uma sequência. Assim, dado um número triangular, há um próximo na sequência e, portanto, faz sentido usar a notação t_n para designar o n-ésimo número triangular. É também evidente, na mesma Figura, que dado um número triangular, o próximo da sequência terá um lado que é uma unidade a mais. Isso significa que o "gnômon" de um número triangular é o lado do triângulo anterior mais 1, como é ilustrado na Figura 17.

Figura 17: t_4 e t_5 com o gnômon destacado

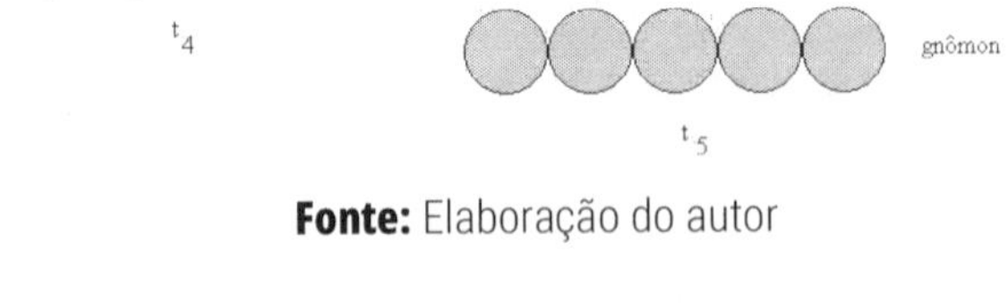

Fonte: Elaboração do autor

Aparentemente, a palavra "gnômon" foi usada originalmente para se referir ao "ponteiro" de um relógio de sol, ou seja, a parte que fica em pé e cuja sombra marcava a hora. Assim, foi associada à ideia de perpendicularidade em geral e, em especial, foi usada para significar a região de forma

L (ver a Figura 18) que é acrescentada a um retângulo para obter um retângulo maior – ou, visto de outra maneira, a região retirada para obter um retângulo menor.

Figura 18: O gnômon de um retângulo

Fonte: Elaboração do autor

Como um termo técnico da Matemática grega, porém, "gnômon" significa simplesmente o que é acrescentado (ou retirado) de uma figura ou número figurado para obter o próximo (ou a anterior). Assim, na Figura 17, o gnômon que é acrescentado a t_4 para obter t_5 é um lado de t_5, ou seja, um conjunto de cinco elementos. Esse resultado é completamente generalizável e pode ser escrito recursivamente da seguinte forma:

$$t_{n+1} = t_n + (n + 1).$$

O estudante deve perceber que, na construção da sequência dos números triangulares, estamos somando sucessivamente os números naturais em ordem. Logo, o n-ésimo número triangular é a soma dos primeiros n números naturais, ou seja:

$$t_n = \sum_1^n i.$$

Não é necessário que o estudante, especialmente o estudante menor, use esse formalismo. Basta usar uma expressão clara que é inteligível aos seus pares.

Mais uma vez, o estudante deveria fazer um registro escrito dos resultados obtidos na atividade, pois isso o ajudaria a perceber outros padrões e a coordenar suas habilidades orais e escritas. Um registro típico poderia ser semelhante ao da Figura 19.

Figura 19: Um possível registro

\multicolumn{3}{c}{Alunos: Kátia, Mário, Manfredo & Eliane}
\multicolumn{3}{c}{Data: 15 / 04 / 2050}
\multicolumn{3}{c}{Assunto: Números Triangulares}
número triangular	gnômon	soma
●	●	1
● ● ● (triângulo)	● ●	1+2=3
● ● ● ● ● ● (triângulo)	● ● ●	1+2+3=6
● ● ● ● ● ● ● ● ● ● (triângulo)	● ● ● ●	1+2+3+4=10

Fonte: Elaboração do autor

Muitos estudantes gostariam de investigar os padrões que se evidenciam nos números triangulares. Mencionaremos apenas alguns exemplos. Começando com t_4, a sequência de números triangulares parece se repetir no interior dos próprios números triangulares. Isto é (ver a Figura 20), o interior de t_4 é t_1 e o interior de t_5 é t_2. Será que o padrão continua? Por que acontece? A Figura 20 também indica que alguns números triangulares têm uma pedra central, enquanto outros não a têm. É possível determinar quais têm e quais não têm uma pedra central?

Figura 20: O interior de t_4 e de t_5

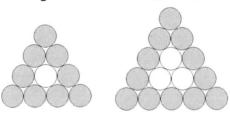

Fonte: Elaboração do autor

Os primeiros dez números triangulares são 1, 3, 6, 10, 15, 21, 28, 34, 45, 55, o que indica que a sequência é ímpar, ímpar, par, par, ímpar, ímpar, par, par,... Será que isso continuará para sempre?

Na Figura 21, ligamos os centros de círculos adjacentes nos números triangulares retratados. No caso de t_1, não há círculos adjacentes e, portanto, o processo não gera triângulo algum. No caso de t_2, o processo gera um único triângulo, enquanto para t_3, t_4 e t_5 são gerados, respectivamente 4, 9 e 16 triângulos.

Figura 21: Triângulos nos números triangulares

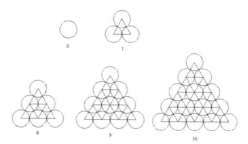

Fonte: Elaboração do autor

A quantidade de triângulos gerados parece ser sempre um número quadrado. Podemos conjecturar que o processo gerará, para t_n, $(n-1)^2$ triângulos. Aqui passamos da aritmética para a geometria e a análise combinatória.

Números quadrados

Números quadrados são números que podem ser dispostos na forma de um quadrado, como mostra a Figura 22.

Figura 22: Número quadrado

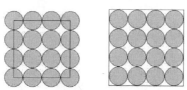

Fonte: Elaboração do autor

Os números quadrados, como os triangulares, formam uma sequência e, portanto, usamos s_n para denotar o n-ésimo número quadrado. Deve ser claro que $s_n = n^2$. De novo, $n = 1$ é um caso degenerado, que deve ser apresentado seguindo a Figura 23.

Figura 23: O primeiro número quadrado

Fonte: Elaboração do autor

Dado um número quadrado, o que é o gnômon que produzirá o próximo número quadrado? Precisamos, claramente, um quadrado com uma linha e uma coluna a mais (ver a Figura 24), o que nos dá um gnômon com forma de L. Mas, podemos ainda quebrar o gnômon em três partes, como na Figura 24, o que sugere a fórmula recursiva

$$s_{n+1} = n^2 + 2n + 1.$$

Lembramos, no entanto, que $s_{n+1} = (n+1)^2$; assim, obtemos

$$(n+1)^2 = n^2 + 2n + 1.$$

Figura 24: O gnômon de um número quadrado

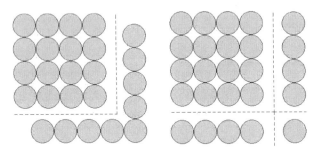

Fonte: Elaboração do autor

O material concreto pode ser usado para investigar algumas relações entre números quadrados e números triangulares. Em primeiro lugar, como a Figura 25 mostra, todo número quadrado (maior do que 1) é a soma de dois números triangulares consecutivos. ou seja, $s_{n+1} = t_{n+1} + t_n$.

Figura 25: $s_5 = t_5 + t_4$.

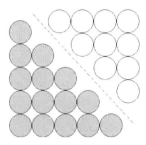

Fonte: Elaboração do autor

Novamente, se destacarmos o diagonal, o número quadrado será decomposto em dois números triangulares iguais e um segmento, resultando na relação aritmética $s_{n+1} = 2t_n + (n+1)$.

Figura 26: $s_5 = 2t_4 + 5$

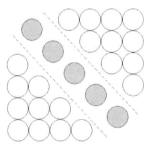

Fonte: Elaboração do autor

A última relação sugere uma analogia geométrica: a decomposição do quadrado em triângulos congruentes (ver a Figura 27). Observamos que é apenas uma analogia, pois números figurados são objetos discretos, enquanto figuras geométricas como o quadrado são objetos contínuos. A diferença deve ser levada à atenção do estudante e a razão da diagonal ao lado do quadrado pode ser aproximada através da mensuração de quadrados com lados diferentes. Não estamos sugerindo que o estudante chegará a uma compreensão dos números reais através dessa atividade. Experiências como essa, no entanto, o prepararão para uma compreensão mais profunda, posteriormente.

Figura 27: Uma decomposição do quadrado

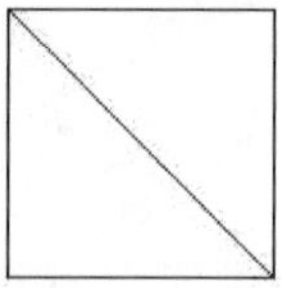

Fonte: Elaboração do autor

Como sempre, o estudante deve fazer um registro por escrito das suas atividades. Para enfatizar isso, colocamos, na Figura 28, mais um exemplo de um registro. O referido registro torna evidente um fato surpreendente. A sequência de números quadrados é formada pela soma consecutiva dos números ímpares. Esse fato importante provavelmente não seria percebido pelo estudante se não fizesse o registro escrito.

Figura 28: Um possível registro

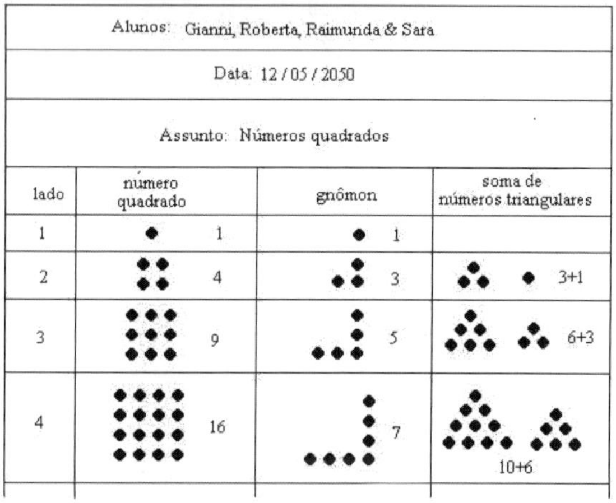

Alunos: Gianni, Roberta, Raimunda & Sara				
Data: 12 / 05 / 2050				
Assunto: Números quadrados				
lado	número quadrado		gnômon	soma de números triangulares
1	•	1	• 1	
2	∷	4	⋮ 3	∴ • 3+1
3	⁘	9	⋮⋮ 5	∴ ∴ 6+3
4	⁘⁘	16	⋮⋮⋮ 7	▲ ▲ 10+6

Fonte: Elaboração do autor

Números pentagonais e hexagonais

Polígonos regulares de lado n existem para todo número natural maior do que 2. Assim, para cada n do tipo mencionado, podemos construir uma sequência de números n-gonais. Para enfatizar as analogias geométricas, podemos construir as referidas sequências, tomando os polígonos encaixados, em que cada pedra está a uma distância de uma unidade da pedra vizinha, como mostra a Figura 29 para o caso do hexágono. Observe que o primeiro número da sequência é sempre 1.

Figura 29: Hexágonos encaixados

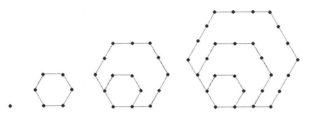

Fonte: Elaboração do autor

A maioria das crianças menores, porém, preferirá trabalhar com peças padronizadas, como as do jogo de damas, porque fica mais fácil arrumar peças tangentes do que peças separadas no plano. Como a Figura 30 mostra, a regularidade dos polígonos é perdida quando a atividade é feita dessa maneira. As relações aritméticas, no entanto, são mantidas, embora, como veremos, as analogias geométricas podem ser enganosas.

Figura 30: O quarto número pentagonal (p_4) e o quarto número hexagonal (h_4)

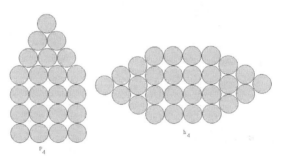

Fonte: Elaboração do autor

Embora seja mais fácil trabalhar com peças concretas padronizadas, a representação usada na Figura 30 não é muito perspicaz para números poligonais maiores. Assim, no que segue, usaremos pequenos círculos não tangentes. Nessa representação, os primeiros cinco números pentagonais são exibidos na Figura 31.

Figura 31: Números pentagonais

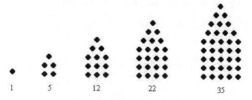

Fonte: Elaboração do autor

A Figura 32 mostra que o gnômon dos números pentagonais consiste em três lados. Esse gnômon pode ser decomposto em quatro partes, como mostra a Figura 32, o que sugere a seguinte relação aritmética:

$$p_{n+1} = p_n + 3n + 1.$$

Figura 32: O gnômon de um número pentagonal

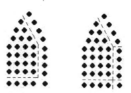

Fonte: Elaboração do autor

A Figura 33 mostra que um número pentagonal pode ser decomposto em um número quadrado e um número triangular, o que sugere a relação

$$p_{n+1} = s_{n+1} + t_n.$$

Figura 33: Uma decomposição de um número pentagonal

Fonte: Elaboração do autor

Lembrando que números quadrados são compostos de dois números triangulares, obtemos:

$$p_{n+1} = t_{n+1} + 2t_n.$$

Partindo dos resultados aritméticos, o estudante poderia conjecturar, por analogia, que o pentágono regular pode ser decomposto em um quadrado e um triângulo, ou em três triângulos. A primeira conjectura é falsa, enquanto a segunda é correta. Isso não somente proporciona ao professor uma oportunidade de investigar a diferença entre o discreto e o contínuo, mas também é uma ocasião para conversar um pouco com o estudante sobre a noção de demonstração.

A Figura 34 mostra um segmento inicial da sequência dos números hexagonais.

Figura 34: Números hexagonais

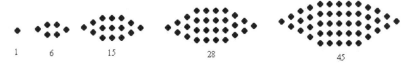

Fonte: Elaboração do autor

O gnômon desses números consiste em quatro lados, conforme mostra a Figura 35. A referida Figura também mostra que o gnômon pode ser decomposto de tal maneira que sugere a seguinte relação aritmética:

$$h_{n+1} = h_n + 4n + 1.$$

Figura 35: O gnômon de um número hexagonal

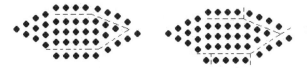

Fonte: Elaboração do autor

Finalmente, o número hexagonal pode ser decomposto em um número quadrado e dois números triangulares, como mostra a Figura 36, o que sugere as seguintes relações:

$$h_{n+1} = s_{n+1} + 2t_n$$
$$= t_{n+1} + 3t_n.$$

Figura 36: Uma decomposição de um número hexagonal

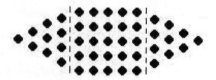

Fonte: Elaboração do autor

Novamente, o estudante, provavelmente, gostaria de investigar algumas conjecturas geométricas. Em qualquer caso, ele deveria ser levado a perceber que exatamente seis circunferências cabem ao redor de uma dada circunferência (todas do mesmo raio) e que um hexágono regular resulta quando ligamos sucessivamente os centros das seis circunferências (ver a Figura 37). Também devem perceber que o hexágono é composto de seis triângulos equiláteros congruentes.

Figura 37: Relações gnomonicais

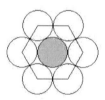

Fonte: Elaboração do autor

Há várias relações notáveis entre os gnômons dos números poligonais. Embora não sejam evidentes à primeira vista, são inerentes nas fórmulas recursivas dadas acima, e mais importante para o estudante, nos registros escritos que deve elaborar. A primeira coisa a observar é que o gnômon de números triangulares é um lado do triângulo; o de números quadrados é dois lados de um quadrado; o de números pentagonais é três lados de um pentágono; e assim por diante. De forma geral, o gnômon de um número n-gonal é $n - 2$ lados consecutivos do n-ágono. Ainda mais, os gnômons sucessivos de cada número figurado formam uma progressão aritmética. A diferença entre dois gnômons sucessivos do mesmo número figurado é uma constante, sendo igual ao número de lados do gnômon. Os antigos chamavam essa constante a "segunda diferença" dos números figurados; as "primeiras diferenças" são os próprios gnômons. Essas relações são sistematizadas na Figura 38. O estudante poderá achar muitas outras relações interessantes.

Figura 38: Algumas relações gnomonicais

n	Números triangulares			Números quadrados			Números pentagonais			Números hexagonais		
	t_n	g_n	$g_{n-1} - g_n$	s_n	g_n	$g_{n-1} - g_n$	p_n	g_n	$g_{n-1} - g_n$	h_n	g_n	$g_{n-1} - g_n$
1	1	1		1	1		1	1		1	1	
2	3	2	1	4	3	2	5	4	3	6	5	4
3	6	3	1	9	5	2	12	7	3	15	9	4
4	10	4	1	16	7	2	22	10	3	28	13	4
5	15	5	1	25	9	2	35	13	3	45	17	4
6	21	6	1	36	11	2	51	16	3	66	21	4
7	28	7	1	49	13	2	70	19	3	91	25	4

Fonte: Elaboração do autor

Números retangulares

Os nossos autores antigos não somente se interessavam em números poligonais que correspondiam aos polígonos regulares, mas também investigavam números figurados que correspondiam a retângulos. Daremos uma olhada rápida a duas sequências de números retangulares, a primeira das quais inicia com um segmento de duas pedras, enquanto a segunda inicia com um segmento de três pedras.

Denotaremos os elementos da primeira sequência por a_n. Um segmento inicial da mesma sequência é dado na Figura 39.

Figura 39: Números retangulares do primeiro tipo

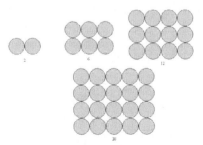

Fonte: Elaboração do autor

A Figura 40 mostra que o gnômon de um número retangular é simplesmente o que tem a forma de L, já encontrada na Figura 18. A decomposição desse gnômon sugere a relação recursiva

$$a_{n+1} = a_n + n + (n+1) + 1$$
$$= a_n + 2(n+1).$$

onde n é o lado menor do retângulo a_n (e, portanto, $n+1$ é o lado maior).

Figura 40: O gnômon de um número retangular

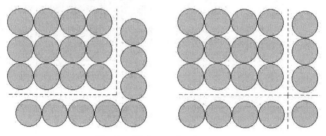

Fonte: Elaboração do autor

Um número retangular desse tipo pode ser decomposto em dois números triangulares iguais, como mostra a Figura 41.

Figura 41: Uma decomposição de um número retangular

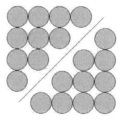

Fonte: Elaboração do autor

Isso, é claro, sugere a relação

$$a_n = 2t_n$$

e sugere, por analogia, que um retângulo geométrico é decomposto em dois triângulos congruentes pela diagonal.

A outra sequência de números retangulares que queremos investigar é a que começa com um segmento de três pedras, em vez de duas. Os primeiros elementos dessa sequência, que denotaremos por b_n, são mostrados na Figura 42.

Figura 42: Números retangulares do segundo tipo

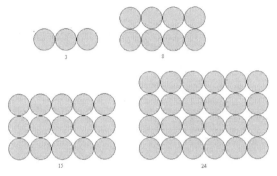

Fonte: Elaboração do autor

Como é sempre o caso com números retangulares, o gnômon será dois lados adjacentes do retângulo, o que sugere a seguinte relação recursiva:

$$b_{n+1} = b_n + 2n + 3,$$

onde n é o lado menor de b_n.

Todo retângulo geométrico é decomposto em dois triângulos congruentes pela diagonal. Mas esse tipo de número retangular, como mostra a Figura 43, não pode ser decomposto em dois números triangulares iguais – de fato, nem é muito claro o que corresponderia à diagonal nesse tipo de número retangular.

Já vimos a razão para essas diferenças entre números figurados e figuras geométricas. Do ponto de vista educacional, no entanto, o fato de que as analogias entre a aritmética e a geometria nem sempre nos levam a resultados corretos é, na verdade, muito salutar, pois as analogias não proporcionam ao estudante simples exemplos rotineiros, mas problemas abertos que requerem investigação crítica. Assim, mais uma vez, vemos que a história da Matemática nos conduz a atividades substanciais que podem aguçar o interesse do estudante.

Figura 43: Uma decomposição de b_4

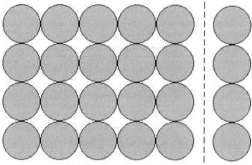

Fonte: Elaboração do autor

Observamos ainda que a Figura 43 sugere a relação elegante:

$$b_n = 2t_n + n.$$

Lembrando que $a_n = 2t_n$, obtemos a seguinte relação (ver a Figura 44) entre os dois tipos de números retangulares:

$$b_n = a_n + n.$$

Figura 44: $b_4 = a_4 + 4$

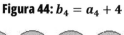

Fonte: Elaboração do autor

Há outros tipos de números retangulares que poderiam ser investigados pelo estudante em sala de aula ou como um projeto de pesquisa.

Números piramidais

Até agora os números figurados que investigamos formam figuras no plano. Os autores antigos, porém, também investigaram números figurados que formam figuras tridimensionais. Talvez o mais familiar desse tipo de números figurados é o cubo. Aqui, apresentaremos rapidamente dois tipos de números piramidais, os com base triangular e os com base quadrada. Os outros números figurados tridimensionais podem ser investigados usando os métodos a serem apresentados aqui. Observamos, ainda, que um projeto interdisciplinar um pouco mais elaborado, que poderia ser associado com a presente investigação, seria o estudo da estrutura de cristais, incluindo, se houver tempo, tipos de simetria.

Podemos abordar os números piramidais usando o modelo de uma pilha de balas de canhão ou o modelo de estruturas moleculares da química. No primeiro modelo (ver a Figura 45, à esquerda), podemos usar bolas de isopor empilhadas, fixadas com um pouco de cola. No segundo modelo (Figura 45 à direita), podemos afixar as bolas de isopor com palitos.

Figura 45: Dois modelos para representar números piramidais

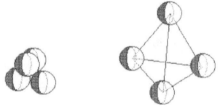

Fonte: Elaboração do autor

O estudante geralmente preferirá usar o segundo modelo porque a estrutura interna é nele mais facilmente visualizada.

O primeiro tipo de números piramidais que consideremos consiste em pirâmides com bases triangulares. Os primeiros três elementos dessa sequência são ilustrados na Figura 46.

Usaremos a notação A_n para nos referir aos elementos da referida sequência. Como a Figura 46 mostra, cada seção, paralela à base das pirâmides, são números triangulares. Assim, Nicômaco fazia uma representação bidimensional muito perspicaz desses números por separar cada seção, colocando as suas representações em uma fileira vertical (ver a Figura 47).

Figura 46: Alguns números piramidais de base triangular

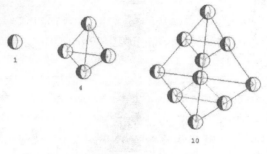

Fonte: Elaboração do autor

Figura 47: Duas representações de A_3

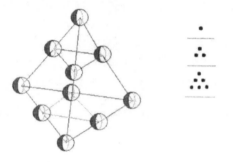

Fonte: Elaboração do autor

A Figura 48 mostra uma representação de A_4 e A_5 usando o método de Nicômaco.

Figura 48: A_4 e A_5

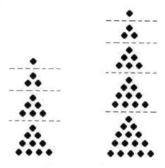

Fonte: Elaboração do autor

O método de Nicômaco é perspicaz porque nos permite discernir facilmente vários fatos sobre os números piramidais. No caso mencionado, pirâmides com bases triangulares, vemos que o n-ésimo nível é simplesmente t_n e que o gnômon é a base da pirâmide. Assim, temos a fórmula recursiva:

$$A_{n+1} = A_n + t_{n+1}.$$

É também evidente que A_n é a soma dos primeiros n números triangulares:

$$A_n = \sum_{1}^{n} t_i.$$

O caso de números piramidais com bases quadradas é inteiramente análogo ao caso de pirâmides de bases triangulares. Os primeiros elementos da referida sequência, que serão denotados por B_n, são exibidos na Figura 49, usando o método de Nicômaco.

Figura 49: Números piramidais com bases quadradas

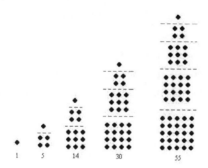

Fonte: Elaboração do autor

Como a Figura 49 mostra, o n-ésimo nível dessas pirâmides é s_n e, novamente, o gnômon é a base da pirâmide. Assim, temos a relação

$$B_{n+1} = B_n + s_{n+1}.$$

Ainda mais, o n-ésimo número da sequência é a soma dos primeiros n números quadrados e, temos

$$B_n = \sum_{1}^{n} s_i.$$

Lembrando que $s_i = i^2$, obtemos a seguinte relação

$$B_n = \sum_1^n i^2.$$

É também relativamente fácil de verificar várias relações notáveis entre os tipos diferentes de números piramidais. Temos, por exemplo, a seguinte relação:

$$A_n + B_{n+1} = A_{n+1} + B_n + t_n.$$

Achamos também várias relações aparentes, ou seja, relações que somente são verdadeiras para uns poucos elementos iniciais das sequências. A investigação de alguns problemas desse tipo ajudará o estudante a desenvolver uma maior maturidade matemática.

Números perfeitos e nem-tão-perfeitos

Voltaremos a nossa atenção agora para os números perfeitos, que são conhecidos por muitos professores de Matemática e que sempre geram muito interesse entre os estudantes. No entanto, o conceito de números perfeitos é geralmente considerado uma mera curiosidade sem aplicações pedagógicas mais contundentes. Isso acontece porque, como veremos, os números perfeitos são relativamente raros e, em consequência, inacessíveis ao estudante. Com um pouco mais de conhecimento histórico, porém, podemos estender as virtudes dos números perfeitos em relação aos outros números, os, por assim dizer, nem-tão-perfeitos. Também podemos elaborar algumas atividades significativas para crianças maiores.

Números perfeitos

Números perfeitos são números cujos divisores somam a si mesmo. Em termos mais analíticos, um número, p, é perfeito se a soma de todos os seus divisores é igual a $2p$. Observamos que é suposto que estamos trabalhando com os números naturais; caso os estudantes já conheçam os inteiros, será necessário dizer "divisores positivos", em vez de apenas "divisores", na conceituação desse tipo de número. A conceituação analítica tem a vantagem de ser facilmente generalizável a números multiperfeitos, isto é, números cujos divisores somam a **3p**, **4p**, ou, em geral, **np**. Visto que não abordaremos os números multiperfeitos aqui, ficaremos contentes com a primeira conceituação; embora seja mais informal, parece ser mais eficaz em despertar o interesse do estudante. Muitos estudantes são atraídos pela seguinte expressão arcaica: um número perfeito é um número que é a soma das suas partes alíquotas. O primeiro número perfeito é **6 = 1 + 2 + 3**.

Nicômaco incluiu na sua obra, citada anteriormente, três conjecturas sobre números perfeitos, sem, no entanto, demonstrá-las. Estudantes maiores terão interesse em investigar a verdade ou falsidade dessas conjecturas. A primeira pode ser chamada a Conjectura de Nicômaco e tem a ver com a relativa raridade do referido tipo de número. De fato, Nicômaco só conhecia os quatro números perfeitos listados na Figura 50.

Figura 50: Os números perfeitos conhecidos por Nicômaco

Classe	Número Perfeito	Partes Alíquotas
Unidades	6	1+2+3
Dezenas	28	1+2+4+7+14
Centenas	496	1+2+4+8+16+31+62+124+248
Milhares	8128	1+2+4+8+16+32+64+127 254+508+1016+2032+4064

Fonte: Elaboração do autor

A Figura 50 indica claramente que há exatamente um número perfeito em cada classe de números. Nicômaco conjecturou que o padrão continuaria. Assim, indicando o n-ésimo número perfeito por q_n, deveria existir uma sequência de números perfeitos $q_5, q_6, \ldots$ tais que:

$$10.000 < q_5 < 100.000 < q_6 < 1.000.000 \ldots$$

Infelizmente, o quinto número perfeito é **33.550.336**.

A segunda conjectura de Nicômaco, que pode ser chamada a Regra de Nicômaco, é uma regra para gerar números perfeitos. As instruções de Nicômaco são as seguintes: primeiro, escrever os números parmente pares (embora começando com 1); segundo, encontrar as somas parciais e determinar quais são números primos; terceiro, multiplicar a soma parcial primo pela última parcela somada; o resultado será um número perfeito. Exemplificamos. A sequência de números parmente pares, começando com a unidade, é:

$$1, 2, 4, 8, 16, 32, 64, 168, \dots$$

As somas parciais, S_n, dessa sequência são:

$$S_1 = 1 \qquad \text{não primo}$$
$$S_2 = 1 + 2 = 3 \qquad \text{primo}$$
$$S_3 = 1 + 2 + 4 = 7 \qquad \text{primo}$$
$$S_4 = 1 + 2 + 4 + 8 = 15 \qquad \text{não primo}$$
$$S_5 = 1 + 2 + 4 + 8 + 16 = 31 \qquad \text{primo}$$

e assim por diante.

Seguindo as instruções de Nicômaco, multiplicamos as somas parciais primos pela última parcela somada. Assim, $S_2 = 3$ é primo; a última parcela somada foi 2, logo $2 \times 3 = 6$ é um número perfeito. Semelhantemente, temos $S_3 = 7$ e $4 \times 7 = 28$, o que é perfeito, e $S_5 = 31$ e $16 \times 31 = 496$, o que também é perfeito.

Segundo Nicômaco, todos os números perfeitos podem ser encontrados dessa maneira. De fato, Euclides (IX, 36) havia demonstrado que, se $2^n - 1$ é primo, então $2^{n-1}(2^n - 1)$ é perfeito. Visto que, na sequência de números parmente pares começando com a unidade, cada elemento é o dobro do seu predecessor, o teorema de Euclides é equivalente à primeira parte da Regra de Nicômaco. Aparentemente, foi enunciada por Arquitas, um contemporâneo de Platão. A segunda parte da Regra de Nicômaco, isto é a recíproca do Teorema de Euclides (todo número perfeito par é da forma $2^{n-1}(2^n - 1)$, com $2^n - 1$ primo) foi demonstrada por Euler. Até agora, não se sabe se há números perfeitos ímpares, mas se há, são muito grandes.

A terceira conjectura do nosso autor antigo pode ser denominada a Hipótese de Nicômaco. A referida hipótese afirma que todo número perfeito par termina em 6 ou 8. Isto é um corolário da regra de Nicômaco.

Um outro resultado curioso, que poderia ser relacionado com sistemas de pesos e medidas, é o fato de que, se expressamos as partes alíquotas de um número perfeito como frações, a soma dessas frações será a unidade. No caso de 6, por exemplo, **1** é **1/6** de **6**, **2** é **1/3** e **3** é **1/2**. Na verdade, **1/6 + 1/3 + 1/2 = 1**.

Um conceito relacionado ao de números perfeitos é o de números amigáveis. Um par de números é amigável se a soma das partes alíquotas de cada um é igual ao outro. Não são muito úteis para crianças menores, mas poderiam ser usados com estudantes maiores, talvez no contexto de misticismo dos números ou para iniciar projetos sobre a *gematria* ou algo parecido. O professor, porém, deveria abordar tais tópicos com objetivos bastante claros.

Números não-tão-perfeitos

Um número pode não ser perfeito de duas formas distintas: a soma das suas partes alíquotas pode ser maior do que si mesmo ou pode ser menor do que si mesmo. Téon e Nicômaco classificam esses números como, no primeiro caso, abundantes (ou superabundantes) e, no segundo caso, deficientes. Nicômaco até faz analogias com alguns dos monstros da *Odisseia* de Homero. Os números abundantes, segundo o referido autor, são como a terrível *Scylla*, que tinha um excesso de partes corporais – dez bocas, por exemplo, cada uma das quais continha uma fartura de dentes. Em contraste, os números deficientes são como o *Cyclops*, com apenas um único olho no meio da testa.

Seja como for, vemos que 12, por exemplo, é um número abundante, pois tem, por assim dizer, fatores demais:

$$1 + 2 + 3 + 4 + 6 = 16 > 12.$$

Em contraste, **10** é deficiente, pois não tem fatores suficientes:

$$1 + 2 + 5 = 8 < 10.$$

Observamos que os pitagóricos consideraram 10 um número perfeito em um outro sentido. Isso claramente não invalida a presente classificação.

Uma classificação dos números naturais

Enquanto a tarefa de procurar números perfeitos é frustrante, devido à pequena quantidade desse tipo de número, agora que estamos de posse dos conceitos de números abundantes e deficientes, podemos propor uma classificação de um segmento inicial dos números naturais usando as três categorias. A procura de números perfeitos ainda aguça o interesse, mas a classificação efetiva de cada um dos números remove o elemento frustrante. O resultado é uma atividade empolgante que proporciona ao estudante o desenvolvimento das suas habilidades de somar e dividir (ou talvez de fixar a tábua de multiplicação). É aconselhável fazer a classificação pelo menos até o número trinta, para que os primeiros dois números perfeitos sejam alcançados. Como sempre, o estudante deve fazer um registro escrito da atividade (ver a Figura 51).

Figura 51: Um possível registro

Alunos: Ana, Paulo, Paula & Carolina					
Data: 27 / 05 / 2050					
Assunto: Números perfeitos, abundantes e deficientes					
n	fatores	classificação	n	fatores	classificação
1	0	0<1 deficiente	7	1	1<7 deficiente
2	1	1<2 deficiente	8	1+2+4=7	7<8 deficiente
3	1	1<3 deficiente	9	1+3=4	4<9 deficiente
4	1+2=3	3<4 deficiente	10	1+2+5=8	8<10 deficiente
5	1	1<5 deficiente	11	1	1<11 deficiente
6	1+2+3=6	6=6 perfeito	12	1+2+3 +4+6=16	16>12 abundante

Fonte: Elaboração do autor

Os resultados listados na Figura 51 parecem indicar que números abundantes são tão raros quanto os números perfeitos. Isso é verdadeiro entre os primeiros números devido ao fato de que há muitos números primos no início da sequência dos números naturais, bem como ao fato de que números pequenos tendem a ter poucos fatores. De fato, o primeiro número abundante, 12, foi importante historicamente como uma unidade de pesos e medidas, devido ao fato de que ele tem muitos fatores que podem servir como subunidades convenientes. Na medida em que chegamos a números maiores, os números abundantes se tornam mais frequentes. Se continuarmos a classificação até $n = 30$, como sugerido anteriormente, acharemos mais quatro números abundantes: **18, 20, 24 e 30**.

Número do ponto de vista de multiplicação

Voltaremos a nossa atenção agora para um esquema classificatório que é bastante diferente dos números figurados. A representação de número através de pequenas bolas de isopor e a consequente disposição em figuras é apropriada para atividades envolvendo a soma, mas não é muito útil para atividades envolvendo a multiplicação. Em particular, é só nos casos do quadrado, dos retângulos e do cubo que há uma ligação direta do número de bolas na figura e a sua área ou volume. Assim, passaremos a representar o número pelos quatro tipos de corpos sólidos seguintes: cubos, tijolos, vigas e altares. A presente classificação perde um pouco em termos de manipulabilidade, pois é um pouco mais abstrata. Não obstante, é ainda uma maneira interessante de pensar sobre a multiplicação e proporciona ao estudante uma compreensão maior sobre as relações entre números. Também nos permitirá elaborar atividades que promovem o pensamento crítico e as habilidades metacognitivas.

Números sólidos

Um número, considerado como o comprimento de um segmento de reta (ver a Figura 52), é chamado um número linear; considerado como a área de um retângulo, é um número plano; finalmente, considerado como o volume de um paralelepípedo retangular, é um número sólido.

Figura 52: Um número linear (7), plano (21) e sólido (105)

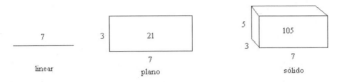

Fonte: Elaboração do autor

Dito de outra forma, um número que tem um só fator é linear, enquanto é plano se tem dois fatores e sólido se tem três fatores. Algumas explicações, porém, são necessárias. Todos os números são lineares, visto que um segmento pode ter qualquer comprimento. Mas, todos os números são também planos e sólidos, pois $n = n \times 1 = n \times 1 \times 1$. Para eliminar essas anomalias e obter uma classificação mais elegante, diremos que um número é linear se tem pelo menos um fator, enquanto é plano se pode ser decomposto em duas partes alíquotas (não necessariamente distintas) maiores de **1**, e é sólido se pode ser decomposto em três partes alíquotas (não necessariamente distintas) maiores de **1**. Essas definições implicam nas seguintes relações de inclusão:

número sólido ⊂ número plano ⊂ número linear = número natural.

Um número primo é linear, pois é um fator de si mesmo, mas não tem partes alíquotas maiores de 1 e, portanto, não é plano, nem sólido. Em contraste, **21** $= 3 \times 7$ e, portanto, é plano, mas visto que é impossível decompô-lo em três partes alíquotas maiores de **1**, não é sólido. Finalmente, **105** $= 3 \times 5 \times 7$ e **210** $= 2 \times 3 \times 5 \times 7 = 6 \times 5 \times 7$ são números sólidos.

Como uma atividade preliminar, o estudante deve classificar um segmento inicial dos números naturais usando a referida classificação. A Figura 53 mostra um possível registro dessa atividade. Observamos que o primeiro número sólido é **8** $= 2 \times 2 \times 2$. Mas, **8** $= 4 \times 2$ e, portanto, 8 também é plano. Já sabemos que o conjunto dos números sólidos é um subconjunto do conjunto dos números planos, que, por sua vez, é um subconjunto do conjunto dos números lineares. Assim, no registro, listamos apenas a classe mais restrita; isto é, dizemos que 8 é sólido e deixamos implícito que também é plano e linear.

A História como um agente de cognição na Educação Matemática **213**

Figura 53: Um possível registro

Alunos: Márcia, Marina, Manuel & Márcio					
Data: 18 / 06 / 2050					
Assunto: Números lineares, planos e sólidos					
n	fatores	classificação	n	fatores	classificação
1	1×1	linear	7	7×1	linear
2	2×1	linear	8	2×2×2	sólido
3	3×1	linear	9	3×3	plano
4	2×2	plano	10	2×5	plano
5	5×1	linear	11	11×1	linear
6	2×3	plano	12	2×2×3	sólido

Fonte: Elaboração do autor

Embora não mencionado explicitamente na atividade, o importante princípio de decomposição em números primos é implícito nela, bem como nas atividades ainda a serem apresentadas sobre números sólidos. Isso será importante no desenvolvimento de uma compreensão profunda sobre números.

Tipos de números sólidos

Há, como já mencionamos anteriormente, quatro tipos de números sólidos (ver a Figura 54). O cubo tem três lados iguais (n^3), enquanto o altar tem três lados desiguais ($m \times n \times r$, com $m \neq n \neq r \neq m$). Nicômaco nos diz que são extremos como os Elementos Materiais, Fogo e Terra. O tijolo tem uma face quadrada e um lado curto ($n^2 \times m$, com $m < n$) e a viga tem uma face quadrada e um lado comprido ($n^2 \times m$, com $m > n$). Em termos da analogia de Nicômaco, esses dois sólidos, como o Ar e a Água, são médias entre os extremos.

Figura 54: Os quatro tipos de números sólidos

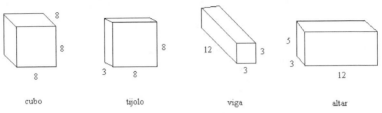

Fonte: Elaboração do autor

O estudante agora pode classificar os números sólidos que encontrou na atividade anterior. A Figura 55 mostra como o registro pode ser feito.

Figura 55: Um possível registro

Alunos: Erma, Vanessa, Peri & Vitória					
Data: 22 / 06 / 2050					
Assunto: Classificação de números sólidos					
n	fatores	classificação	n	fatores	classificação
8	2^3	cubo	27	3^3	cubo
12	$2^2 \times 3$	viga	28	$2^2 \times 7$	viga
16	$2^2 \times 4$	viga	30	$2 \times 3 \times 5$	altar
18	$3^2 \times 2$	tijolo	32	$4^2 \times 2$ $2^2 \times 8$	tijolo viga
20	$2^2 \times 5$	viga	36	$3^2 \times 4$ $2^2 \times 9$ $2 \times 3 \times 6$	tijolo viga altar
24	$2^2 \times 6$ $2 \times 3 \times 4$	viga altar	40	$2^2 \times 10$ $2 \times 4 \times 5$	viga altar

Fonte: Elaboração do autor

Questões sobre a classificação

A investigação da classificação apresentada anteriormente, nos leva a considerar algumas questões sobre a sua estrutura matemática. Algumas são respondidas facilmente a partir dos dados contidos na Figura 55. No entanto, uma discussão reflexiva sobre as questões aumentará a compreensão do estudante. Mencionaremos apenas quatro.

1. A classificação é completa?
Isto é, é possível classificar todos os números sólidos como cubos, tijolos, vigas ou altares, ou há números sólidos que não pertencem a qualquer uma dessas categorias?

Um número sólido tem três fatores. Pode ser que todos os três sejam iguais, todos os três sejam distintos ou exatamente dois sejam iguais. Não há outra possibilidade. No primeiro caso, temos um cubo e, no segundo, um altar. No terceiro caso, temos uma face quadrada; aqui temos dois, e apenas dois, subcasos, pois o terceiro lado pode ser menor do que o lado do quadrado ou maior do que o lado do quadro. No primeiro subcaso, temos um tijolo e, no segundo, uma viga. Visto que não há outra possibilidade, a classificação é completa.

2. A classificação é única?
Isto é, será que todo número sólido é classificado em somente uma maneira como um cubo, um tijolo, uma viga ou um altar?

A Figura 55 mostra que 24, por exemplo, é tanto uma viga quanto um altar e que 36 é um tijolo, uma viga e um altar! Assim, a classificação não é única no sentido postulado.

3. Há classes supérfluas?
Isto é, podemos eliminar uma (ou mais) das quatro classes e ainda ter uma classificação completa dos números sólidos?

Novamente, a Figura 55 ajuda a responder. O número 8, por exemplo, é somente um cubo. Ele não pode ser representado como um tijolo, uma viga ou um altar. Assim, não podemos eliminar a classe de cubos porque isso deixaria 8, um número sólido, sem uma classificação. Da mesma forma, 18 é somente um tijolo, 12 somente uma viga e 30 somente um altar. Assim, nenhuma classe é supérflua.

4. Qual o menor número que é um cubo, um tijolo, uma viga e um altar?

Observamos que a questão supõe que existem tais números, mas até agora não sabemos se essa suposição é verdadeira. Assim, mostramos primeiro que tais números existem; para tanto, basta o seguinte exemplo: $512 = 8^3 = 16^2 \times 2 = 4^2 \times 32 = 4 \times 8 \times 16$. Dessa forma, **512** pertence a todas as quatro classes. Para mostrar que é o menor número que pertence a todas as quatro classes, basta verificar que nenhum dos seis cubos (lembre-se que não consideremos 1 como um fator) menores do que 512 também pertence a todas as três classes restantes. De fato, quando p é primo, p^3 só pode ser um cubo. Logo, só restam duas possibilidades, 4^3 e 6^3. É fácil verificar que nem 4^3 nem 6^3 pode ser um tijolo. Portanto, **512** é o menor número sólido que pertence a todas as quatro classes.

Conclusão

No presente capítulo, apresentamos alguns aspectos da história da Matemática que podem ser usados para embasar atividades para o ensino atual da Matemática. Em especial, abordamos vários conceitos de dois matemáticos neopitagóricos: Téon de Esmirna e Nicômaco de Gerasa, do segundo século da nossa era. Embora tenhamos nos limitado à aritmética básica dos referidos autores, os dois também abordam outros assuntos, como proporção e geometria, que poderiam ser investigados com muito proveito.

Visto que a Matemática antiga foi, frequentemente, desenvolvida de forma bastante concreta, é geralmente fácil usar seus conceitos em conjunção com materiais concretos na sala de aula. Os resultados são atividades empolgantes que proporcionam exercícios de fixação não rotineiros, bem como atividades que promovam o desenvolvimento do pensamento crítico e as habilidades metacognitivas. Ainda mais, problemas que os antigos acharam interessantes geralmente são vistos como interessantes pelo estudante hoje em dia, especialmente quando apresentados no contexto histórico.

A inter-relação de conceitos também ocorre entre a aritmética e a geometria porque os antigos usaram objetos geométricos para modelar as relações aritméticas mais abstratas. Dessa forma, proporcionam ao estudante modelos geométricos perspicazes que ajudam na compreensão e a manipulação de ideias mais abstratas. Também sugerem analogias geométricas às relações aritméticas estabelecidas. O fato de que algumas dessas analogias sugerem proposições geométricas falsas pode ser visto como uma desvantagem, mas, para o professor que sabe usar esse recurso apropriadamente, é, de fato, uma vantagem. Da verdade, levando o estudante a investigar criticamente as analogias propostas, o professor ajudará o estudante a (1) tornar-se ativamente engajado com a Matemática; (2) desenvolver uma apreciação de métodos matemáticos, incluindo abstração e demonstração, e (3) desenvolver um senso de autoestima e confiança nos seus próprios poderes de observação e pensamento. Finalmente, o diálogo, entre pares e com o professor, sobre as inter-relações entre os vários conceitos investigados ajudará o estudante a construir um esquema rico desses conceitos, ao invés da massa de fatos não relacionados que é o resultado do ensino tradicional. É, de fato, da inter-relação de conceitos que o verdadeiro *insight* matemático nasce.

6

Lendo Textos Históricos na sala de aula

John A. Fossa

Brunelleschi desenhou a cúpula, mas, para poder tornar real a possibilidade pensada, desenhou também as máquinas que tornaram possível a construção da cúpula, e que são amostras valiosas da arte racionalista. Assim, de irrealidade em irrealidade, chegamos à realidade, depois de percorrer um longo itinerário de ideias, esboços, desenhos, comparações, planos, projetos, maldições e aplausos. Por fim, a ação nos insere irremediavelmente no real (José Antonio Marina, 2009).

Lendo textos históricos na sala de aula[37]

John A. Fossa

Introdução

COMO indicamos no capítulo anterior, o presente capítulo será dedicado a uma consideração da leitura de textos históricos na sala de aula. De fato, como veremos, a leitura de textos históricos poderá ser um poderoso instrumento para a construção do conhecimento matemático.

Antes de proceder, porém, faremos um pequeno esclarecimento sobre o papel da história como um agente de motivação. Até recentemente, a história da Matemática foi limitada, no contexto pedagógico, a ações motivadoras. Essa limitação foi muito criticada por quem almejava um papel mais arrojado para a história. Embora compartilhemos a aspiração para um uso mais dinâmico da história da Matemática no ensino da Matemática, devemos registrar aqui o fato de que avaliamos o potencial da história como fonte de motivação como sendo altamente importante. Essa nossa avaliação parte do princípio construtivista de que o estudante deve construir por si mesmo (o que, aliás, não significa por si só!) seu conhecimento, e que isso não será feito na ausência de motivação adequada.

Voltaremos agora a nossa atenção para a leitura de textos históricos, na sala de aula de Matemática, como um agente de cognição matemática.

---

[37] O presente capítulo foi publicado originalmente em espanhol pela revista *Paradigma* (Venezuela) [Vol. XLI, n. Extra 1 (abril), p. 116-132, 2020], sob o título "Lectura de Textos Históricos em el Aula". É republicado aqui, com pequenas modificações, com a gentil anuência do editor da revista.

Textos históricos

Visto que há algumas pequenas confusões na literatura sobre o presente assunto, faremos aqui uns breves esclarecimentos. Em primeiro lugar, por 'texto', ou alternativamente, 'fonte', queremos dizer, pelos propósitos do presente trabalho, qualquer documento preservado em alguma medida. Na grande maioria dos casos do nosso interesse, tratar-se-á de documentos impressos ou digitalizados.

Dada a caracterização contida no parágrafo anterior, a palavra 'texto' não equivale à expressão 'livro texto', ou seja, um documento elaborado expressamente para fins didáticos, pois este é apenas uma parte daquele. Mesmo assim, o conceito de 'livro texto' não é tão nítido quanto possa parecer. O *Papiro de Rhind*[38] (*Papiro de Ahmes*), por exemplo, poderá ser considerado um livro texto, ou pelo menos algo análogo aos nossos livros textos na cultura do Egito Antigo, visto que foi elaborado para a instrução dos escribas. Em contraste, os três artigos de Leonhard Euler, todos com o mesmo título, *De numeris amicabilibus*[39], são claramente relatos de pesquisa em Matemática. Mas, como devemos categorizar o *Tractatus de numerorum doctrina capita sedecim, quae supersunt*[40], do mesmo Euler, que inicia com explicações das mais básicas e posteriormente acaba apresentando resultados da sua pesquisa? Visto que o próprio Euler não nos disse (é um texto póstumo, inacabado e sem prefácio), não sabemos com certeza. Pior ainda, *Os Elementos*[41] de Euclides provavelmente foi escrito como um tratado matemático, mas eventualmente se tornou um livro texto, às vezes, porém, apenas parcialmente – por muito tempo era esperado que o estudante dominasse *Os Elementos* só até o *pons asinorum* (Proposição 5 do Livro I)!

Felizmente, podemos abstrair dessas questões historiográficas, pois qualquer documento, seja ele um livro texto, um relato de pesquisa, ou um híbrido, poderá ser contemplado como um recurso pedagógico e usado na sala de aula. Logo, usaremos a palavra 'texto', ou como já indicamos 'fonte', no sentido generalizado, apontado acima.

---

[38] Ver *The Rhind Mathematical Papyrus* (1927).
[39] Ver Euler (1774, 1750 e 1849) e, em português, Euler (2017a).
[40] Ver Euler (1849), em português, Euler (2017), e, em inglês, Euler (2019).
[41] Ver, em inglês, Euclid (1956), e, em português, Euclides (2009).

Por 'texto original', ou alternativamente 'fonte original', queremos dizer qualquer documento, ou cópia de documento, que não tem passado por modificações significativas. Quando o documento é oriundo do passado, seja ela original, seja modificado, usaremos o termo 'texto histórico', ou alternativamente, 'fonte histórica'.

Na caracterização de 'texto histórico', há duas imprecisões que não, aliás, requerem delineações exatas, mas merecem ser elaboradas um pouco mais. A primeira é a questão da sua localização no tempo, pois ontem, por exemplo, é no passado, mas não parece razoável (na maioria dos casos) chamar um livro publicado ontem um texto histórico. Consideremos, por exemplo os *Elementos de Cálculo Diferencial e Integral* de William Anthony Granville e Percey F. Smith, publicado originalmente em 1904, mas reeditado várias vezes e traduzido para o português em 1954[42]. Embora esse texto tenha sido usado até bem recentemente, o fato de que foi descontinuado, porque é considerado "ultrapassado", é o suficiente para considerá-lo um texto histórico[43]. A segunda imprecisão se diz referente aos tipos de modificações que podem ser feitas numa fonte original, que nos levam a passar a considerá-la um texto histórico, não original. Basicamente, pensamos aqui em modificações no próprio texto, como simplificações de linguagem, modificação da ordem de apresentação dos tópicos do texto e traduções.

É a questão da tradução que é mais polêmica. De um ponto de vista prático, porém, traduções são necessários para fazer a maioria dos textos acessíveis ao estudante. Ainda mais, embora seja imprescindível que um pesquisador consulte o texto original, uma boa tradução é suficiente para os propósitos pedagógicos, e insistir no contrário seria puro pedantismo. Mesmo assim, em alguns casos, textos em línguas estrangeiras – com destaque aos textos em inglês ou francês – podem estar ao alcance do estudante, especialmente quando se trata de pequenos trechos abordados conjuntamente com o professor de línguas.

Finalmente, entendemos a frase 'na sala de aula' a ser aplicável a qualquer situação didática, mesmo se não ocorre no espaço físico da sala de aula da escola. Assim, incluímos tais coisas como projetos a serem feitos pelo estudante, ou individualmente ou em grupos, em casa, com relatórios entregues ao professor.

---

[42] Ver Granville e Smith (1904) e, em português, Granville, Smith e Longley (1961).

[43] Por uma análise desse texto e seu valor pedagógico, ver Almeida (a aparecer).

224 A História como um agente de cognição na Educação Matemática

Aqui consideraremos apenas dois argumentos para o uso de textos históricos na sala de aula, pois, do ponto de vista do presente autor, são não somente os dois principais argumentos, mas também são os dois que são geralmente esquecidos. O primeiro é centrado no fato de que a Matemática faz parte da herança cultural do homem e, assim, fontes históricas deveriam ter um lugar de destaque no currículo escolar. O segundo depende de uma análise da natureza do conhecimento como uma dialética tripartida entre o indivíduo, o outro e o mundo, e mostra como a leitura de textos históricos na sala de aula promove a construção do conhecimento.

Matemática como herança cultural

A Matemática não é uma entidade que pode ser achada no mundo natural, nem um atributo inerente a tais entidades. Muito ao contrário, é um produto cultural inventado pelo espírito humano. Nesse sentido, não é diferente das ciências ou das artes. Assim, da mesma forma em que é necessário ter, para assegurar uma educação que promova uma vida plena para o educando, certa convivência com as ciências e as artes, é necessária uma convivência com a Matemática e seu desenvolvimento perante a história. Isto é, a apropriação da herança cultural do homem é a forma em que o homem realiza suas potencialidades humanas como um ser humano, alcança uma vida feliz e contribui para o desenvolvimento continuado da própria cultura em que ele está inserido. Mas, desde que a Matemática é uma parte importante dessa cultura, é imprescindível que o homem se aproprie da Matemática para que possa realizar suas potencialidades humanas[44].

É inegável que parte do que queremos dizer por apropriação da Matemática é a habilidade de pensar matematicamente e desenvolver vários procedimentos matemáticos com certa desenvoltura. Nesse sentido, a comparação com as habilidades linguísticas será instrutiva, pois parte do que queremos dizer pela apropriação da língua é a habilidade de produzir comunicações eficazes orais e escritas, bem como entender as comunicações de outros. A palavra, no entanto, contempla não somente o verdadeiro, mas também o belo. Assim, não ficamos satisfeitos apenas

---

[44] A matemática é uma atividade humana e, assim, uma invenção humana. Como veremos mais adiante na discussão do conhecimento, porém, o objeto matemático não é uma pura invenção humana. Também traçaremos, no mencionado lugar, considerações mais precisas sobre o conceito de 'apropriação'.

com a mera aquisição das habilidades linguísticas, mas insistimos em ter contato com grandes produções linguísticas da nossa herança cultural. O mesmo acontece com a Matemática: o estudante deveria ter contato direto com grandes produções matemáticas que fazem parte da nossa evolução cultural.

Devemos elaborar esse ponto mais um pouquinho. Não é de muito serventia, exceto para fins de alimentar a rapacidade da indústria de testagens escolares (pois hesito dizer, nesse contexto, "avaliação"), que o estudante saiba, por exemplo, que José de Alencar era uma das nossas maiores expressões do indianismo do século XIX, sem nunca ter lido, por exemplo, *O Guarani*. É necessário que o estudante tenha contato com o próprio livro, indagando-o heuristicamente, dialogando com as ideias nele contidas e apreciando-o como uma obra literária. Da mesma forma, não é o suficiente que o estudante conheça alguns fatos sobre a história da Matemática sem ter qualquer contato com obras provenientes daquela história. Precisa-se indagar heuristicamente o texto histórico, dialogar com as ideias nele contidas e apreciá-lo como um texto matemático. Isso foi explicitamente reconhecido pelos criadores do currículo liberal das Grandes Obras da Civilização Ocidental[45], um currículo que se baseia inteiramente na leitura de fontes históricas de vários campos de estudo. Entre os textos dos 74 autores incluídos no programa, há textos matemáticos de Euclides, Arquimedes, Apolônio de Perga, Nicômaco de Gerasa, René Descartes, Blaise Pascal e Isaac Newton. Claramente, textos desses autores, bem como várias obras de outros matemáticos, são textos clássicos que merecem ser conhecidos pelo público geral.

A ubiquidade da Matemática

Evidentemente, o argumento exposto na seção anterior se aplica a virtualmente todos os campos de investigação que têm sido desenvolvidos pelo homem. Em consequência, o educador teria de enfrentar um grande problema referente à sobrecarga de um currículo escolar que já tem uma abundância descomedida de informação com que assola o estudante. Destarte, precisamos reconhecer a necessidade de incluir leituras de fontes históricas de muitas áreas diferentes e, ao mesmo tempo,

---

[45] Ver Adler (1961).

reconciliar isso com as limitações inevitáveis do currículo escolar. Uma maneira de conseguir a referida reconciliação é fazer com que as leituras de textos históricos sejam incorporadas como uma parte integral do ensino das várias disciplinas. Voltaremos a isso, em relação ao ensino da Matemática, mais adiante. Mas, mesmo lançando mão desse expediente, permanecerá o imperativo de fazer uma hierarquização de escolhas referente à estruturação do currículo.

Parece, de fato, inegável que a base de toda a educação é a apropriação da linguagem. Isso se fundamenta no simples fato de que toda a comunicação, ou pelo menos a comunicação raciocinativa, inclusive a da Matemática, depende da linguagem. É notável, porém, que a ubiquidade da linguagem dentro da cultura humana é quase alcançada pela ubiquidade da Matemática, pois procedimentos matemáticos e/ou pensamentos matemáticos permeiam as realizações culturais do homem de forma ímpar, frequentemente, até, em maneiras não geralmente reconhecidas. Sendo esse o caso, temos fortes razões para privilegiar a apropriação de textos históricos matemáticos. Assim, passaremos em revista, de forma breve, algumas das principais maneiras em que a Matemática está presente em outras partes da cultura humana.

Em primeiro lugar, é notório o papel da Matemática nas ciências e na tecnologia. Na verdade, a matematização das ciências tem raízes históricas bastante longas, mas o processo se intensificou com o desenvolvimento do cálculo infinitesimal e, em especial, com o uso de equações diferenciais para modelar situações do mundo físico. Os sucessos iniciais levaram a um relacionamento sempre mais estreito entre a Matemática e as ciências, resultando, por exemplo, no fato de que a física teórica e partes da Matemática aplicada são, hoje em dia, virtualmente indistinguíveis. Mas, não foram apenas as ciências físicas que foram afetadas pela Matemática, pois as ciências biológicas, bem como as ciências sociais, também foram transformadas por vários ramos da Matemática, da matemática discreta ao mesmo cálculo que foi tão transformativo nas ciências físicas. Nas ciências sociais e nas ciências relacionadas à saúde e à medicina, porém, a influência mais forte talvez tenha sido a da estatística, pois foi a possibilidade proferida por essa teoria matemática de detectar possíveis relações de causa e efeito e/ou correlações importantes que permitiu o enorme crescimento dessas ciências.

Ao voltar a nossa atenção para a influência da Matemática sobre a arte, pensamos quase imediatamente no desenvolvimento, no Renascimento, das técnicas da perspectiva e sua ligação com a geometria projetiva. A referida influência, porém, não tem sido tão limitada, nem no espaço, nem no tempo, como foi documentada, por exemplo, em Gamwell (2016) e Hofstadter (1980). De fato, essas publicações não somente documentam a influência da Matemática nas esferas artísticas, mas atestam como a Matemática está presente de forma preeminente na intricada melodia de ideias que constitui a criação artística. Nem precisamos nos limitar ao mundo dos "grandes artistas" para ver a presença da Matemática na arte, pois investigações etnomatemáticas, a exemplo das de Joseph (1991), têm mostrado essa presença nas expressões culturais mais "populares". Ainda no campo artístico, visto que o ritmo, por exemplo, depende da contagem, a presença da Matemática na música não deve ser surpreendente. Não obstante, a influência da Matemática sobre esse ramo da arte é consideravelmente mais ampla, como mostra Abdounur (2002). Ainda outra expressão artística frequentemente informada pela Matemática é a da literatura. Muitas vezes, essa influência, especialmente dentro da vasta tradição pitagórica, é aliada com a astronomia (considerada como parte da Matemática na época), como Fossa e Erickson (2014) ilustram com o conceito de alegoria matemática como um elemento estrutural de obras literárias.

Grugnetti e Rogers (2000) apontam para as supostas propriedades místicas e religiosas de várias formas geométricas, bem como tais conceitos como a infinidade, como manifestações da influência da Matemática na filosofia. Quando lembramos, porém, que um número expressivo de filósofos era também de matemáticos, ou receberam treinamento na Matemática, podemos desconfiar de que a avaliação de Grugnetti e Rogers seja um tanto tímida. De fato, Erickson e Fossa (2006) mostram que a Matemática estruturou a filosofia platônica e ainda que ela foi determinante no pensamento de vários filósofos. Parsons (1983) aborda a Matemática no pensamento de Immanuel Kant (1724-1804) e nos filósofos analíticos contemporâneos, enquanto Hill (2002) faz o mesmo em relação à fenomenologia de Edmund Husserl (1859-1938). Mais ainda, é notório que novas descobertas na Matemática têm sempre ocasionado novas teorias filosóficas. Fossa (2019) mostrou como essas duas disciplinas têm

228 A História como um agente de cognição na Educação Matemática

se desenvolvido de forma paralela. Enquanto isso, Koetsier e Bergmans (2005) reúnem 35 artigos sobre a influência da Matemática sobre o desenvolvimento da teologia e da religião.

A importância e a ubiquidade da Matemática para os multifacetados aspectos da cultura humana são, então, fortes motivos para que o estudante tenha contatos diretos com grandes obras matemáticas. Uma maneira de fazer isso seria através de disciplinas sobre a história da Matemática centradas na leitura e análise de fontes históricas. Uma outra forma de alcançar o referido desiderato seria a incorporação de textos históricos no ensino da Matemática. Abordaremos essa opção no que segue, mas antes mencionaremos outro aspecto do ensino da Matemática relacionado à cultura.

Diversidade cultural e equidade

O reconhecimento do aspecto cultural da Matemática nos leva a considerar mais alguns objetivos pedagógicas do sistema escolar, a saber, a apreciação da diversidade cultural e a equidade entre pessoas de diversas culturas. É de convir que qualquer sociedade grande é composta de grupos distintos com interesses parcialmente conflitantes, que podem ameaçar a sua unidade e pôr em risco os direitos básicos das pessoas de um ou mais desses grupos vis-à-vis os outros componentes da coletividade social. As tensões podem ser até exacerbadas em sociedades multiculturais como a brasileira. A história da Matemática poderá ajudar a combater essas tensões, por mostrar que a Matemática representa uma herança cultural de todos nós, para a qual todos têm contribuído. De fato, uma das motivações do surgimento da etnomatemática, um ramo da história da Matemática, foi exatamente a preocupação com a inclusão social no meio escolar.

Nesse sentido, a leitura de textos históricos poderá ser um recurso poderoso na consecução de objetivos relacionados à diversidade e à equidade, porque implica que haja um diálogo virtual entre o leitor e o autor da obra. Deve ser claro, porém, que queremos dizer por 'leitura' não simplesmente uma leitura superficial, mas uma leitura crítica, utilizando todas as técnicas hermenêuticas que usaríamos para analisar qualquer outro texto de qualquer outro domínio do saber, incluindo uma apreciação do *milieu*

A História como um agente de cognição na Educação Matemática **229**

histórico-social da sua criação. Ao fazer isso, criamos laços sociais de nível pessoal com o autor, incluindo autores de culturas diversos da nossa, diminuindo as tensões oriundas da diversidade.

As considerações aqui apresentadas em relação à diversidade cultural são obviamente aplicáveis, *mutatis mutandis*, à questões de gênero.

Conhecimento

Como vimos, então, a leitura de textos históricos na sala de aula é um mandato imperioso para os que querem ter um conhecimento da cultura humana e, assim, julgamos que as referidas leituras devem fazer parte do currículo escolar. Também vimos que podemos efetuar tais leituras de duas maneiras principais, a saber, em disciplinas dedicadas à história da Matemática ou embutidas nas próprias disciplinas de conteúdo matemático. Voltaremos a nossa atenção agora sobre a segunda das mencionadas alternativas, pois a incorporação de fontes históricas na sala de aula de Matemática poderá ser de muita serventia ao estudante nas suas tentativas de construir o conhecimento matemático.

Para ver como isso procede, precisamos nos delongar um pouco sobre a natureza do conhecimento. O problema do conhecimento é um problema complexo e sutil, envolvendo relacionamentos dialéticos entre o indivíduo, o outro e o objeto. Não será procedente entrar nos detalhes de tudo isso agora, mas pelo menos podemos afirmar, de forma simplificada, que os três aspectos que destacamos implicam que, em todo ato de conhecimento, há alguém que ativamente produz o conhecimento, que é um produto social e que é feito perante um mundo que se revela ao conhecedor. No que segue, tentaremos explanar o que está envolvido em cada um desses três aspectos da construção do conhecimento e o papel facilitador que a leitura de textos históricos pode fazer em cada um deles.

O estudante ativo

Antigamente se considerava, em geral, o conhecimento como algo que acontecia ao sujeito. Nesse sentido, o estudante era suposto análogo a um vaso, que iria ser preenchido com conhecimento pelo professor. Foi talvez a "revolução copernicana"[46] de Immanuel Kant (1724-

---

[46] Ver Kant (1968); em português, Kant (2004).

1804) que reverteu esse conceito de forma sustentável pela primeira vez. Para Kant, a mente tem uma determinada estrutura que usa para formar e ordenar o material amorfo que recebe dos sentidos. A ideia foi desenvolvida em termos psicológicos por Jean Piaget[47] (1896-1980). Para ele, o conhecimento consiste na assimilação (incorporação) de novos itens a uma estrutura mental já existente e na acomodação da estrutura a novos itens por mudanças na dita estrutura. As consequências epistemológicas e pedagógicas, especialmente no contexto da Educação Matemática, da teoria construtivista foram avançadas ainda mais no construtivismo radical[48] de Ernst von Glasersfeld e os pesquisadores associados a ele. Nessa teoria, a necessidade da construção ativa do conhecimento pelo conhecedor (o estudante) é enfatizado.

Segundo o construtivismo, então, todo conhecimento é construído e isso acontecerá sempre que houver conhecimento, independentemente da metodologia de ensino adotada. Não obstante, o ensino será mais eficaz, ou menos eficaz, dependendo da sua consonância com a natureza do conhecimento. Assim, o ensino assentado sobre explicações verbais do professor não proporciona ao estudante muito incentivo de investir no processo construtivo necessário para a obtenção de um bom nível[49] de conhecimento. Nesse modo de ensino, o livro texto tende a ser apenas um repositório fossilificado do discurso do professor, de que o estudante apanha modelos estáticos para a resolução rotineira dos exercícios e de que obtém pouco preparo para enfrentar problemas novos. Uma aprendizagem mais profunda fica, assim, inteiramente condicionada à casualidade de um interesse maior da parte do próprio estudante.

Tudo muda, porém, quando se usa fontes históricas na sala de aula. Isso sucede porque, tipicamente, o professor não explica o texto ao estudante, mas exige que o estudante o explore e tente decifrar o seu conteúdo. Para tanto, o estudante é automaticamente colocado numa situação em que o sucesso – até sucesso parcial – é somente alcançado com um aumento de esforço pessoal que ele desempenha no deciframento de um texto escrito, segundo padrões diferentes dos de textos contemporâneos. Nesse sentido, tanto o próprio texto histórico, quanto a metodologia de ensino associada ao seu uso na sala de aula, proporcionam ao estudante oportunidades de construir seu conhecimento de forma ativa e

---

[47] Ver Piaget (1970a); original em inglês, Piaget (1970).
[48] Ver Fossa (2014), em português, ou Fossa (2019a), em inglês.
[49] Ver, por exemplo, Skemp (1976).

A História como um agente de cognição na Educação Matemática **231**

consciente, visto que o processo hermenêutico de interpretação de textos históricos implica no engajamento com o texto e envolve naturalmente o desenvolvimento de habilidades metacognitivas.

Disso, deve ser claro que a fonte histórica a ser usada na sala de aula precisa ser escolhida criteriosamente para atender aos objetivos pedagógicos do contexto do seu uso. Em especial, é necessário selecionar textos que coadunam com a base cognitiva do estudante e utilizar metodologias que levem o estudante a desenvolver as suas habilidades hermenêuticas, sobretudo quando as suas competências de leitura estão pouco evoluídas.

Construção social

Visto que o construtivismo é pautado sobre a construção de estruturas mentais e centra muita da sua atenção na atividade do indivíduo, seus partidários têm uma tendência muito grande a esquecer que a aprendizagem – isto é, a própria construção do conhecimento – é um projeto social[50]. Enquanto o indivíduo precisa construir suas próprias estruturas mentais, ele só pode fazer isso em conjunção com o outro, pois o outro é necessário para que o indivíduo possa apropriar a ciência (no sentido mais lato) já desenvolvida pelo homem. De fato, o indivíduo nunca é um solitário, mas sempre se acha inserido dentro de uma cultura e, em qualquer momento da sua vida, sua base cognitiva é dependente das relações dialéticas que ele mantém com seu ambiente social. As referidas relações são dialéticas, porque o homem não somente apropria a cultura da sociedade ambiente, mas também contribui para a sua continuidade e às maneiras em que ela se modifica no tempo.

Nesse sentido, a leitura e análise de textos históricos é uma maneira de dialogar com grandes inovadores da cultura matemática. Destaca-se a origem e o propósito dos conceitos abordados, a argumentação usada pelo autor e o desenvolvimento dos métodos adotados. Leituras mais sofisticadas podem incluir oportunidades perdidas e comparações diacrônicas. Em qualquer caso, a análise do texto levará o estudante a

---

[50] O construtivismo social, embora esteja presente na obra de Piaget, obteve reconhecimento geral através da obra do psicólogo russo Lev Vygotsky (1896-1934). Atualmente se constitui, em várias formas, um elemento importante de várias teorias educacionais.

uma compreensão mais profunda da Matemática por enriquecer seu conhecimento de abordagens alternativas; aprofundar seu entendimento de conceitos matemáticos, e proporcionar uma apreciação maior das interconexões entre as várias partes da Matemática, bem como da Matemática com outras partes da nossa cultura. Ao proceder dessa maneira, o estudante constrói suas próprias estruturas mentais enquanto apropria, de forma intensa e consciente, a cultura matemática.

Dependendo da metodologia de ensino usada, o diálogo que o estudante mantém com o outro ao ler textos históricos não se limita ao diálogo com o(s) autor(es) do texto e outros atores históricos, mas também inclui seus pares contemporâneos, pois a própria análise é um ato social. Isso pode ser enfatizado por fazer a análise cooperativamente, em pequenos grupos por exemplo, e por colocá-la à prova diante do grupo maior. Os resultados podem ser muito enriquecedores para o estudante.

Ilustro isso com dois exemplos que aconteceram em aulas por mim ministradas. Ao ler *Os Elementos* de Euclides, os estudantes estranharam a frase "um número mede outro" para se referir à divisão de um número por outro. Isso levou a uma consideração do papel da geometria face à aritmética, bem como o papel da demonstração racional na sociedade grega antiga e a sua incorporação na Matemática. Noutra aula, os estudantes leram partes do já mencionado Euler (2017), onde se encontram dois juízos distintos sobre números primos, no primeiro dos quais a unidade é incluída e, no segundo, excluída. Isso gerou uma discussão sobre o conceito de número primo e seu lugar na teoria da aritmética. Pesquisaram em livros modernos de álgebra, mas não ficaram satisfeitos com a razão ali apresentada para a exclusão da unidade dos primos (que 1 é o elemento neutro da multiplicação). Só quando atinaram com o fato de que incluir a unidade entre os primos implicaria na perda da unicidade do Teorema Fundamental da Aritmética (decomposição em números primos) entenderam o problema – e apreciaram que o desenvolvimento de uma teoria matemática envolve, às vezes, escolhas entre desideratos mutuamente excludentes. Tais experiências de aprendizagem não somente ajudam o estudante a entender mais profundamente os conceitos matemáticos em jogo, mas também promovem uma apreciação maior da Matemática como um produto cultural do homem.

O mundo matemático

É notável que o homem não somente se acha numa cultura, mas também se acha num mundo. Temos uma forte tendência de conceitualizar o mundo como algo externo e independente de nós e, consequentemente, pensamos no relacionamento com o nosso mundo como consistindo de relações externas entre seres individualizados independentes uns dos outros, cada um dos quais pode afetar outros através de forças físicas. Tanto a filosofia, quanto a ciência (especialmente a física quântica), porém, tem desmentido a referida tendência por postular a importância das relações internas entre todas as coisas, de tal forma que nós e o mundo não somos independentes, mas mutuamente constituídos. Aqui, faremos apenas algumas breves considerações, partindo da fenomenologia de Martin Heidegger (1889-1976).

Segundo a fenomenologia, os seres do mundo se revelam ao homem. Mas só podem fazer isso através da nossa apropriação deles pela linguagem. Nesse sentido, os referidos objetos do mundo são constituídos pelo homem e para o próprio homem. Dessa forma, o mundo é, ao mesmo tempo, maleável e recalcitrante às ações humanas. O mesmo acontece com os objetos matemáticos, que são objetos abstratos e não físicos. Por um lado, os matemáticos inventam os objetos matemáticos, pois eles resultam da atividade matemática como um produto humano; por outro lado, todo matemático tem a sensação de que está descobrindo fatos matemáticos. Essa dialética entre a invenção e a descoberta é tão essencial ao conhecimento matemático quanto o é a dialética entre a independência e a dependência ao conhecimento de objetos físicos. Nos dois casos, o ato de apropriação é caraterizado pela teorização[51] e, portanto, é somente através da teorização que conhecimento genuíno é construído. Em termos pedagógicos, a posição fenomenológica implica que o conhecimento genuíno não se limita à simples incorporação de estruturas mentais do outro aos seus esquemas mentais, pois isso condena o estudante a viver num mundo alienado. É só com a teorização sobre o mundo, seja ele o mundo físico ou o mundo matemático, que o estudante consegue fazer suas próprias construções e apropriar o mundo a si, fazendo-o o seu.

---

[51] Para mais detalhes, ver Fossa (2012).

Uma maneira eficaz de ajudar o estudante a obter o conhecimento genuíno é através da leitura de fontes históricas na sala de aula. O texto histórico contém um relato de um ato original de apropriação e, ao fazer uma exegese hermenêutica do texto, o estudante poderá recapturar e reviver o referido ato original de apropriação, fazendo-o o seu. A re-vivência do ato criativo original coloca, de fato, o estudante às fronteiras da pesquisa matemática num ponto do passado e faz com que ele participe no processo de criação. Sua participação, contudo, é privilegiada, pois ele é consciente do fato de que sua experiência é uma re-vivência e, assim, não somente recria, junto com o autor original, uma parcela da Matemática, mas também teoriza à luz de conhecimentos mais modernos[52]. Foi exatamente isso o que aconteceu com os já mencionados estudantes que precisavam, primeiro, decidir junto com Euler, se a unidade fosse, ou não, um número primo e, depois, decidir se o juízo de Euler era acertado, ou não, à luz de outras considerações.

Considerações finais

Com o desenvolvimento da história da Matemática como uma importante tendência da Educação Matemática, a história passou a desempenhar vários papéis pedagógicos interessantes na sala de aula. Alguns deles, como o uso da história para aguçar a motivação do estudante, foram usados há muito tempo, embora de forma mais tímida do que é feito atualmente; enquanto outros, como o uso da história para aprimorar as habilidades de leitura e de escrita do estudante, são de data mais recente. Igualmente a qualquer outra estratégia pedagógica, esses usos da história da Matemática não resolvem todos os problemas do ensino da Matemática, nem funcionam da mesma forma para todos os estudantes. Não obstante, têm se mostrado instrumentos muito valiosos na busca de um ensino eficaz de qualidade. Nesse sentido, devem fazer parte do repertório pedagógico de todos os professores de Matemática.

O presente trabalho, no entanto, não tem adentrado na utilização desses importantes instrumentos para o ensino de Matemática com a história da Matemática. Antes, temos procurado mostrar a posição pri-

---

[52] Para mais detalhes, ver Fossa (2016).

vilegiada da leitura de textos históricos na sala de aula. Para tanto, expusemos dois argumentos que ressaltam a importância desse procedimento para o ensino da matemática, sendo que o primeiro se assenta sobre a conceitualização da matemática como parte da herança cultural do homem e o segundo sobre a natureza do conhecimento.

Podemos resumir o primeiro argumento da seguinte maneira: a Matemática é uma das mais importantes partes da cultura humana, no sentido de que permeia quase todas as outras partes dessa cultura; assim, na medida em que a educação deve levar o estudante a apropriar-se da cultura humana para que alcance uma vida rica e plena, o estudante deve ter contato direto e intenso como os produtos (isto é, as fontes históricas) da cultura matemática. A conclusão aqui é diferenciada daquela que é feita para outros usos da história da Matemática como um instrumento pedagógico da Educação Matemática, pois os referidos argumentos mostram a eficácia das várias modalidades e propõem a sua adoção pelo professor quando apropriado. O presente argumento, em contraste, conclui que, da mesma forma que é necessário que o estudante tenha a experiência de confrontar diretamente grandes obras de literatura, é necessário que ele também tenha a experiência do confronto direto com grandes obras de Matemática.

O segundo argumento que abordamos aqui se estrutura sobre a natureza tripartida do conhecimento, mostrando como a leitura de fontes históricas se adequa (*i*) à atividade construtiva do conhecimento; (*ii*) à natureza social do conhecimento, e (*iii*) à dialética da apropriação do objeto matemático. Dessa forma, a leitura de textos históricos leva o estudante a fazer teorizações sobre a Matemática, o que implica na construção de Matemática genuína.

Os dois argumentos são razões cogentes para a inclusão de leituras de textos históricos na sala de aula.

7

Lucubrações conclusivas

Iran Abreu Mendes
John A. Fossa

De sua formosura
Deixai-me que diga
É belo porque é uma porta
Abrindo-se em mais saídas
(João Cabral de Melo Neto, 2016).

Lucubrações conclusivas

Iran Abreu Mendes
John A. Fossa

A PROPÓSITO do que o fragmento do poema *De sua formosura*, de João Cabral de Melo Neto (2016) anuncia, ao encerrar o livro, este capítulo abre portas para as mais diversas saídas as quais, ao longo de todo o livro, procuraram chamar a atenção dos leitores para todas as novas possibilidades que poderão se abrir de agora em diante, a partir da leitura e reflexão realizada por cada leitor. Para isso, é preciso que identifiquem as mais variadas saídas para um novo caminho e uma nova trajetória que poderão ser dadas aos itinerários e agenciamentos cognitivos, em busca de reorientar processos e ações investigativas na docência.

Com essa reflexão inicial, apresentada no parágrafo anterior, ponderamos e pensamos ser mais proveitoso não fazer uma conclusão para o presente livro, que apenas fizesse um resumo do conteúdo dos capítulos anteriores, mas uma retomada de apontamentos que poderiam trazer à tona algumas reflexões mais profundas sobre certos assuntos neles abordados. Assim, intitulamos as referidas reflexões como "conclusivas" no sentido de serem oferecidas à guisa de uma conclusão. Não pretendemos, no entanto, que sejam "conclusivas" no sentido de responderem definitivamente às questões levantadas, ou de darem a "última palavra" sobre os temas discutidos. Muito ao contrário, encaramos os assuntos escolhidos como merecedores de maiores esforços investigativos e, portanto, esperamos fazer aqui uma pequena contribuição a um futuro diálogo maior.

As infames pequenas histórias

Começamos com um detalhe menor, mas um que tem certa importância para o professor na sala de aula. Trata-se de um uso da história da Matemática que tem um longo pedigree na elaboração de livros textos de Matemática. São as histórias escanteadas, pequenas biografias de matemáticos famosos ou outros informativos históricos colocados à parte do texto ou postos no final de um capítulo ou de uma seção do texto, com o claro intuito de motivar o estudante.

Deve ser evidente que essas pequenas histórias escanteadas, de modo geral, não se enquadram no uso da história da Matemática como um agente de cognição no ensino da Matemática, conforme foi tratado no presente livro. De fato, o estudante, às vezes, usa as referidas histórias até para fugir das dificuldades que encontra em sua relação de aprendizagem no livro texto. Dessa forma, nós que nos encantamos com as possibilidades maiores que a história da Matemática pode oferecer, temos menosprezado essas infames historinhas como sendo completamente ineficazes para um ensino que promova uma aprendizagem compreensiva ou relacional da Matemática.

Contudo, devemos lembrar que essa aprendizagem acontece quando o estudante é ativo na construção das suas próprias redes de conexões conceituais, e que isso procede muito mais eficazmente quando o estudante é desafiado a se envolver nos processos investigativos relacionados aos objetos de conhecimento que quer se apropriar. Embora a maior motivação para tal envolvimento devesse partir das próprias atividades desenvolvidas na sala de aula, se alguns estudantes – e certamente serão apenas alguns – são motivados pelas historinhas, elas servem a um nobre propósito.

A lição maior, para nós educadores, porém, é que cada estudante é um indivíduo com características próprias. Como tais, cada um reage às intervenções pedagógicas de forma diferente e, portanto, será meta irrealista esperar que todos os estudantes devam responder favoravelmente a qualquer intervenção proposta. A história da Matemática para o ensino, apesar de ser altamente eficaz, não é, nesse sentido, diferente das outras estratégias didáticas. Dada, no entanto, a importância da motivação, especialmente para um professor construtivista, o professor deve

A História como um agente de cognição na Educação Matemática **241**

dispor de várias opções que podem ser usadas em momentos diferentes, ou até simultaneamente com grupos diferentes de estudantes.

Para tanto, os cursos de licenciatura em Matemática deverão proporcionar ao futuro professor de Matemática uma compreensão teórica profunda, bem como um exercício preparatório extensivo na utilização de todas as principais tendências em Educação Matemática, de modo a intercambiá-las sempre que for necessário com a inserção de cada uma delas nas atividades de ensino que promova um agenciamento adequado ao alcance da aprendizagem almejada pelo professor.

A unidade da Matemática

É de conhecimento generalizado que a Matemática se caracteriza como uma ciência abstrata e rigorosa. Em várias publicações, temos insistido em uma terceira característica dessa ciência, a saber, a sua unidade. De fato, a unidade da Matemática se revela na maneira em que vários assuntos aparentemente distintos interagem, até de forma inesperadamente, para resolver problemas vigentes e criar novos conhecimentos. Um exemplo paradigmático desse fenômeno é o Teorema Fundamental do Cálculo. Há muitos séculos, os matemáticos haviam investigado dois problemas aparentemente disjuntos, a determinação de taxas de variação e o cálculo de áreas. Foi só com o Teorema Fundamental, porém, que os dois problemas foram interpretados e admitidos como sendo problemas inversos, um do outro, e, em consequência dessa aceitação, novos métodos e novas possibilidades foram enxergados e a teoria do cálculo se ampliou.

Estudos na história da Matemática podem realçar essa importante característica da Matemática. De fato, ela fica implícita quando atinamos, por exemplo, para os vários métodos que os matemáticos têm utilizado em épocas diferentes para resolver um mesmo problema. A resolução da equação do segundo grau, por exemplo, foi investigada por abordagens aritméticas, algébricas e geométricas em diferentes épocas e em diferentes culturas humanas. Isso, por si só, implica que haja relações importantes entre as mencionadas três subáreas, o que resultou no desenvolvimento da geometria analítica.

O estudante, porém, – mesmo o estudante da mencionada geometria analítica – geralmente não aprecia essas interações entre as diversas subáreas da Matemática porque a ênfase é dada apenas ao domínio das novas técnicas a ele apresentadas no decorrer dos seus estudos. Dessa forma, o estudante tende a desenvolver uma visão estanque da Matemática, em que cada assunto matemático é isolado de outros assuntos afins, ou seja, não há uma apropriação das relações intramatemáticas[53] por parte do estudante. Isso resulta não somente em uma conceituação errada da própria Matemática, mas também na crença de que haja uma única maneira de resolver qualquer dado problema matemático e que a resolução é dada por uma receita, sem a qual não se pode obter a solução. Suas habilidades de resolução de problemas, portanto, não crescem porque não sabe procurar caminhos alternativos. Sendo bitolado, fica entediado quando a receita funciona e frustrado quando não funciona. Em consequência, estabelece-se um círculo vicioso em que o sucesso em Matemática é associado à aplicação de procedimentos rotineiros e o pensamento matemático é abandonado.

A história da Matemática pode romper o referido círculo vicioso por mostrar como abordagens diferentes nos levam a soluções alternativas de um problema, bem como por mostrar como as abordagens distintas poderão ter implicações diversas. Um resultado imediato das abordagens múltiplas é a multiplicação das estratégias intelectuais que o estudante possui com as quais pode resolver os problemas. Além disso, porém, ao investigar e comparar as diferentes abordagens, a atenção do estudante é direcionada para relações entre conceitos matemáticos, o que incentiva o pensamento matemático e estimula o uso de habilidades metacognitivas nas suas atividades de resolução de problemas. Em termos construtivistas, a investigação das abordagens alternativas proporcionadas pela história da Matemática estimula a construção de ricos esquemas de conceitos, contendo muitas interconexões, o que caracteriza o perito *vis-à-vis* o iniciante[54].

---

[53] A esse respeito já mencionamos os primeiros esclarecimentos na nota de número 13, no primeiro capítulo deste livro. Aqui nos referimos às interconexões que envolvem diversos assuntos da Matemática, na criação de novas abordagens conceituais e representacionais de ideias matemáticas, desenvolvidas ao longo da história da Matemática, como no caso da geometria analítica e mesmo do cálculo diferencial e integral.

[54] Ver, por exemplo, Tall (1991).

A Matemática e outras disciplinas

Ao pensar na relação entre a Matemática e as outras disciplinas, tendemos a pensar primordialmente nas ciências e na tecnologia. Ainda mais, concebemos essas disciplinas como sendo matematizadas, ou seja, como entidades outrora independentes que foram tomadas, até de forma hostil, pela Matemática. Tais conceituações, no entanto, encobrem a verdadeira relação entre a Matemática e as disciplinas citadas, que consiste em uma mesclagem de conceitos matemáticos e conceitos oriundos das outras disciplinas, formando assim uma teoria mais holística e mais poderosa sobre os fenômenos por elas estudados.

Mais ainda, uma vez que percebemos a relação simbiótica entre a Matemática e a Ciência/Tecnologia, estamos levados a apreciar o fato de que a Matemática é uma criação cultural humana e, como tal, tem as suas origens na tentativa humana de compreender a si e ao mundo em que se encontra. Dessa forma, a história da Matemática mostra que a própria Matemática está inserida em um contexto sociocultural e epistemológico maior, possuindo profundas relações com todas as outras manifestações culturais humanas, várias das quais foram exemplificadas nos capítulos anteriores do presente livro.

O que é que tudo isso significa para o estudante? Ora, já vimos como o estudante se beneficia quando fica ciente das várias interações entre diversas subáreas da Matemática. Assim, as vantagens decorrentes da ciência das relações entre a Matemática e as outras disciplinas é uma generalização daquelas. Em primeiro lugar, devemos observar que a verdadeira compreensão não se limita apenas à arregimentação na memória de uma sequência de fatos sobre um dado fenômeno, mas, ao contrário, envolve uma abrangência de uma vasta teia de relações que o fenômeno mantém com outras partes da realidade. A visão holística, portanto, proporciona ao estudante uma apreciação da importância e proporcionalidade do fenômeno sendo estudado em um contexto maior da sua realidade, ajudando-o a compreender melhor a própria realidade de que ele mesmo faz parte.

A mencionada compreensão holística também tem outra consequência importante para os estudantes. A apreciação do fato de que todo fenômeno tem várias facetas e permite investigar abordagens alternativas na investigação e resolução de problemas oriundos dessas outras disciplinas. Assim, oferece aos estudantes uma diversidade de recursos que podem ser utilizados nos seus estudos e os libertar da dependência da crença na existência de um único método correto de solução para cada situação problemática. Isto é, como vimos no caso específico da inter-relação das subáreas da própria Matemática, a apreciação, proporcionada pela história da Matemática, das interações entre a Matemática e as outras disciplinas promove o desenvolvimento de esquemas bem articulados com muitas ligações entre seus componentes e promove o fortalecimento do pensamento metacognitivo.

Devemos mencionar, também, que as mesmas habilidades que foram mencionadas no parágrafo anterior são também cruciais para contextos extraescolares. Afinal, uma das finalidades da escola é a preparação dos estudantes para a "vida real", ou seja, a vida fora da escola. Deve ser claro que o pensamento holístico e metacognitivo não somente proporciona ao cidadão mais recursos para lidar com seus problemas cotidianos, mas também o ajuda a não se contentar com soluções que são apenas técnicas, sem serem realmente satisfatórias a um olhar mais profundo.

Mesmo dentro da escola, porém, ao mostrar as interligações entre a Matemática e as outras manifestações culturais humanas, a história da Matemática faz um elo entre os elementos curriculares, situações cotidianas e o pensamento científico da Matemática. Isso, por sua vez, ajuda a fazer as atividades escolares mais significativas para os estudantes e a quebrar o paradigma da escola como promotora de pontualidade e obediência[55]. De fato, promove o desenvolvimento da criatividade e um senso crítico, ambos dos quais serão de inestimável utilidade na vida toda dos estudantes.

Humanização da Matemática

Argumenta-se com certa frequência que a história da Matemática ajuda a "humanizar" a Matemática. A pressuposição do argumento é que o matemático é, muitas vezes, percebido como um ser "robótico" e,

---

[55] Ver Ernest (1991).

portanto, como uma pessoa que tem sérias deficiências no seu desenvolvimento emocional. De fato, investigar a Matemática, especialmente nas fronteiras do conhecimento, é uma atividade técnica que requer muita dedicação e concentração por amplos períodos de tempo, e isso poderá contribuir para a referida percepção caricaturada da figura do matemático. Interessantemente, os grandes pensadores da Grécia antiga são unânimes em enaltecer a razão como a "diferença"[56] que define o homem e, portanto, louvam (às vezes implicitamente) a caricatura como o tipo mais nobre do ser humano. Inegavelmente, contudo, é necessário descartar o estereótipo e adotar uma visão do humano que o contemple com todas as suas faculdades e caraterísticas.

O problema, no entanto, seria de pouco monte, exceto pelo fato de que pode contribuir para a manutenção da crença de que a Matemática não seja ao alcance de todos. O resultante sentimento de insegurança, por não dizer "medo", do estudante referente aos seus estudos matemáticos poderá afetar negativamente seu desempenho nessa disciplina. Assim sendo, será prudente tomar providências que podem ajudar a combater os mencionados estereótipos do matemático. Para tanto, como já vimos no decorrer do presente livro, a história da Matemática pode contribuir mediante a estimulação do interesse do estudante e promover o pensamento matemático.

Há, no entanto, um aspecto da humanização da Matemática que é frequentemente esquecido, embora seja de importância maior. Trata-se da reificação da Matemática como uma entidade independente dos seus criadores, monolítica, rígida e absoluta. De fato, tal representação da Matemática é uma distorção séria da sua verdadeira natureza. Assim, mais uma vez, é necessário voltar à conceituação da Matemática como uma manifestação cultural dos humanos. Isto é, como é mostrado cabalmente pela história da Matemática, a Matemática é um conjunto de ideias elaboradas pelos humanos nas suas tentativas de resolver problemas importantes e interessantes. Dessa forma, a Matemática consiste em empreendimentos coletivos e cooperativos com o intuito de desenvolver o nosso conhecimento. Como tal, é dinâmica investigativa.

De certa forma, a visão monolítica da Matemática compartilha do erro, muito discutido nas vias da Educação Matemática, entre processo e

---

[56] Ver, por exemplo, Fossa (2020).

resultado[57]. Por se fixar em um só polo de uma relação bipolar, encara a Matemática como um esquema estático de resultados dedutivos e, consequentemente, esquece do pensamento matemático que constrói, aprimora constantemente e aplica esses resultados. Mesmo que julguemos que o conceito de "revolução científica"[58] não se aplica à Matemática, isso não significa que essa ciência não esteja em fluxo contínuo, como pode ser constatado por qualquer um ao comparar, por exemplo, *Os Elementos* de Euclides com qualquer livro contemporâneo da geometria elementar.

A referida reificação da Matemática, então, desumaniza a Matemática por removê-la da esfera da criatividade humana e alojá-la em uma suposta realidade independente dos seus criadores. Assim, a história da Matemática a humaniza, de novo, por resgatá-la do seu exílio artificial e por mostrar a sua origem e seu sustentáculo no pensamento humano.

---

[57] Ver, por exemplo, NCTM (2000).
[58] Ver Kuhn (1970).

Referências

ABBOTT, Edwin. **Planolândia**: um romance em muitas dimensões São Paulo. Editora Conrad, 2002.

ABDOUNUR, Oscar João. **Matemática e música**: O pensamento analógico na construção de significados. São Paulo: Escrituras Editora, 2002.

ADLER, Mortimer. **Great Ideas from the Great Books**. New York: Washington Square Press, 1961.

ALMEIDA, Manoel de Campos. **A Matemática na Idade da pedra**. Filosofia, epistemologia, neurofisiologia e pré-história da Matemática. São Paulo: Editora Livraria da Física, 2017.

ALMEIDA, Manoel de Campos. **Elementos de cálculo diferencial e integral:** o "Granville". Volume 3 da *Coleção Cacoá*. Campina Grande: Editora da UEPB. (No Prelo).

APPEL, K. and HAKEN, W. **The four color proof suffices.** The Mathematical Intelligencer, 1986.Vol. 8, n.1. p. 10-20.

ARBELAEZ, G. I. **Una aproximación histórico-filosófica a la demonstração y el rigor matemático**. Cali: UniValle. Tesis de Maestría. 1995.

ARBOLEDA, L.C. e RECALDE L.C. Formación y manejo operatorio de conceitos matemáticos: la história y epistemología del infinito. **Matemáticas**: Ensino Universitaria, 1995. v. 4, n.1. p. 151-171.

ARRIETA, J. **La Matemática, su história y su ensino**. Preprint. 1997.

ARZARELLO, F. Symbols, Computations and Concepts in Algebra: Historical Roots of a Cognitive Obstacle. In: **Proceedings of the First Italian-Spanish Research Symposium in Mathematics Education**. N. Malara e L. Rico (eds.). Italia: Modena, 1994, p. 213-220.

ASCHER, M., ASCHER, R. **Mathematics of the Incas**: code of the Quipu. New York: Dover Publications, Inc, 1981.

BALLESTER, S. et al. **Metodología de la ensino de la Matemática**. t. 1. Pueblo y Educación. La Habana. 1992.

BARTOLINI, M.Bussi and PERGOLA, M. Mathematical Machine in the Classroom: The History of Conic Sections. In: **Proceedings of the First Italian-Spanish Research Symposium in Mathematics Education**, N. Malara y L. Rico (eds.). Italia: Modena, 233-240. 1994.

BATANERO, M. C.; DÍAZ, J. G.; NAVARRO, V. **Raciocínio Combinatorio**. Educación Matemática en Secundaria. Madrid: Editorial Síntesis. 1994.

BERGER, Peter L.; LUCKMANN, Thomas. **A construção social da realidade**. 34. ed. Tradução Floriano de Souza Fernandes. Petrópolis/RJ: Editora Vozes, 2012.

BERGSON, Henri. La genèse de l'idée de temps. **Revue Philosophique de la France et del'Étranger**. Paris, t. 31, jan.-juin, 1891, pp. 185-190.

BERTOGLIA, L. **Psicología del aprendizaje**. Chile: Universidad de Antofagasta. 1990.

BIRKHOFF, G.. **Hydrodynamics**: a study in logic, fact and similitude. Pricenton University Press. 1950.

BLOOR, David. **Conhecimento e imaginário social**. Tradução Marcelo do Amaral Penna-Forte. São Paulo: Editora UNESP, 2009.

BOIREL, René. **L'Invention**. Paris: Presses universitaires de France, 1966.

BOIREL, René. **Théorie générale de l'invention**. Paris: Presses universitaires de France, 1961.

BOORSTIN, Daniel J. **Os criadores**. Uma história a criatividade humana. Tradução José J. Veiga. Rio de Janeiro: Editora Civilização Brasileira, 1995.

BOORSTIN, Daniel J. **Os descobridores**. De como o homem procurou conhecer-se a si mesmo e ao mundo. Tradução Fernanda Pinto Rodrigues. Lisboa: Editora Gradiva, 1994.

BOORSTIN, Daniel J. **Os investigadores**. Tradução Max Altman. Rio de Janeiro: Editora Civilização Brasileira, 2003.

BORASI, R. On the nature of problems. **Educational Studies in Mathematics**, 17, 125-141. 1986.

BOSCH, M.; GASCÓN, J. La Integración del Momento de la Técnica en el Proceso de Estudio de Campos de Matemáticas". **Ensino de las ciencias**, Vol. 12, No. 3, pp. 314-332. 1994.

BOURBAKI, N. Arquitectura de las Matemáticas. In: Le Lionnais y colaboradores (Eds.). **Las grandes corrientes del pensamiento matemático**. Buenos Aires: Universitaria de Buenos Aires, 36-49. 1962.

BRENES, V.; MURILLO. **Alguns objetos de estudio del constructivismo**. pp. 373-378, UNA-UCR-CONICIT, Costa Rica. 1994.

BRODETSKY, S. The Graphical Treatment of Differential Equations. **The Mathematical Gazette**, Vol. IX, No. 142, pp. 377-382, pp. 3-8, pp. 35-38. 1919.

BRUNO, G. **Dos vínculos em geral**. Lisboa: SR Teste Edições, 2021

BRUTER, Jean-Paul. **Compreender as matemáticas**. As dez lições fundamentais. Lisboa: Instituto Piaget, 2000 (Colecção Ciência e Técnica).

BUNGE, Mario. **Dicionário de Filosofia**. Tradução Gita K. Guinsburg. 1.ed. 2ª reimpressão. São Paulo: Editora Perspectiva, 2012.

BUNGE, Mario. **Teoria e Realidade**. 1.ed. 2ª reimpressão. São Paulo: Editora Perspectiva, 2013.

BURKE, Peter. **Uma história social do conhecimento II**: da Enciclopédia à Wikipédia. Tradução Denise Bottmann. Rio de Janeiro: Zahar, 2012.

BURKE, Peter. **Uma história social do conhecimento**: de Gutenberg a Diderot. Tradução Plínio Dentzien. Rio de Janeiro: Jorge Zahar Editor, 2003.

CAMPISTROUS, L.; RIZO, C. **Aprende a resolver problemas aritméticos**. Pueblo y Educación. La Habana. 1996.

CAVEING, Maurice. **Le problème des objets dans la pensée mathématique**. Paris: Librairie Philosophique J. Vrin, 2004.

CHEVALARD, Yves. **La transposition didactique**. Du savoir savant au savoir enseigné. Grenoble: La Pensée Sauvage, 1985.

COLLETTE, Jean-Paul. **História de las matemáticas I**. Tradução Pilar González Gayoso. Madrid: Siglo XXI de España Editores, S. A., 1985.

COLLETTE, Jean-Paul. **História de las matemáticas II**. Tradução Pilar González Gayoso. Madrid: Siglo XXI de España Editores, S. A., 1985.

CRUZ, M. ¿Cómo formular problemas matemáticos? **Pedagogía'98**. ISPJLC. Holguín, Cuba. 1995.

CSIKSZENTMIHALY, Mihaly. **Creatividad**. El fluir y la psicologia del descobrimiento y la invención. Tradução José Pedro Tosaus Abadia. Barcelona: Paidós, 2006.

CUPILLARI, A. Proof without words: 1+2+3+ ... +n=[n(n+1)]/2. **Mathematics Magazine**, 62, 259. 1989.

D'AMBROSIO, Ubiratan. **Transdisciplinaridade**. São Paulo: Palas Athena, 1997.

DANTZIG, Tobias. **Número:** a linguagem da ciência. Tradução Sergio Goes de Paula. Rio de Janeiro, Zahar editores, 1970. (Coleção Biblioteca de Cultura Científica).

DE GORTARI, E. **Conclusiones y pruebas en la ciencia**. Barcelona: Océano. 1983.

DE GUZMÁN, M. Origin and evolution of Mathematical Theories: Implications for Mathematical Education. **Proceedings ICME-7**, 55-56. 1992.

DERRIDA, Jacques. **Gramatologia**. 2. ed. São Paulo: editora Perspectiva, 1999.

DETLEFSEN, M.; LUKER, M. The four-color theorem and mathematical proof. **The Journal of Philosophy**, Vol. LXXVII, 4, 803-820. 1980.

DÍAZ, J. G.; BATANERO M. C.; CAÑIZARES, M. J. **Azar y probabilidad**. Matemáticas: cultura y aprendizaje 27, Editorial Síntesis, Madrid. 1991.

DÍAZ, J. G.; BATANERO, M. C. **Significado institucional y pessoal de los objetos matemáticos**. Recherches en Didactique des Mathématiques, Vol.14, no.3, 325-355. 1994.

DIEUDONNÉ, J. **Elementos de história de las matemáticas**. Madrid: Alianza Universidad. 1972.

DOCKWEILER, C. J. **Children's Attainment of Mathematical Concepts**: A Model Under Development. Texas A&M University, 1996. 9p. (Impresso).

DOLORES F., C.; GARCIA P., M.; NAPOLES V., J. E.; SIGARRETA A., J. M., An Approach to the History of Mathematics. **Far East Journal of Mathematical Education**, Volume 16, Issue 3, Pages 331- 346 (agosto de 2016).

DOUADY, R. Jeux de cadres et Dialectique outil-objet. **Recherches en Didactique des Mathématiques**, Vol. 7, No. 2, pp. 5-31. 1986.

DREYFUS, T. Avanced mathematical thinking process. In: **Avanced mathematical thinking**. TALL, David (ed.). Holanda: Kluwer Academics Publichers, 1991.

DUROZOI, Gérard; ROUSSEL, André. **Dicionário de Filosofia**. 3. ed. Tradução Marina Appenzeller. Campinas, SP: Papirus, 1993.

EGAN, Kieran. **A Mente Educada**. Os males da educação e a ineficiência educacional das escolas. Tradução Eduardo Francisco Alves. Rio de Janeiro: Bertran Brasil, 2002.

ERICKSON, Glenn W.; FOSSA, John A. **A linha dividida**: uma abordagem matemática à filosofia platônica. Rio de Janeiro: Relume Dumará, 2006.

ERNEST, P. (a). What is social constructivism in the psychology of mathematics education. **PME'94**. Lisboa. 1994.

ERNEST, P. (b). Varieties of constructivism: their metaphors, epistemologies and pedagogical implications. **Hiroshima J. of Mathematics Education** 2, 1-14. 1994.

ERNEST, P. The knowledge, beliefs and attitudes of the Mathematics teacher: a model. J. **Education for Teaching**, Vol.15, No.1, 13-33. 1989.

ERNEST, P. The Nature of Mathematics: towards a social constructivist account. **Science & Education** 1, 89-100. 1992.

ERNEST, P. **The philosophy of mathematics education**. London: Falmer Press, 1991.

ESMIRNA, Téon de. **Mathematics Useful for Understanding Plato** (*Matemática útil para compreender Platão*). Tradução para o inglês Robert e Deborah Lawlor. Wizards Bookshelf, San Diego, 1979.

ESTEPA C., A. Y F.T. SÁNCHEZ C. Desenvolvimiento histórico de la idea de asociación estadística. **Epsilón** n. 30, 61-74. 1994.

EUCLID. **The elements**. Tradução T. L. Heath. New York: Dover, 1956.

EUCLIDES **Elementos**. Dpto Matemática Educativa, CINVESTAV- IPN, México. (S/F).

EUCLIDES. **Elementos**. Editorial Gredos, 3 vols, Madrid. (1991-1996).

EUCLIDES. **Os Elementos**. Tradução Irineu Bicudo. São Paulo: Editora da UNESP, 2009.

EULER, Leonhard. De numeris amicabilibus. **Commentationes arithmeticae** 2. 1849, p. 627-636.

EULER, Leonhard. De numeris amicabilibus. **Nova acta eruditorum,** 1774, p. 267-269.

EULER, Leonhard. De numeris amicabilibus. **Opuscula varii argumenti** 2, 1750, p. 23-107.

EULER, Leonhard. **Sobre números amigáveis.** Tradução John A Fossa, Sarah Mara Silva Leôncio e Fabricio Possebon. Natal: Editora da UFRN. Ebook disponível em: www.repositorio.ufrn.br. Consulta em 04/10/2019, 2017a.

EULER, Leonhard. **Tratado sobre a teoria dos números em XVI capítulos.** Tradução John A. Fossa. Natal: Editora da UFRN. Ebook disponível em: www.repositorio.ufrn.br. Consulta em 04/10/2019, 2017.

FARFÁN, R. M.; HITT, F. Heurística. Sección de Matemática Educativa, **CINVESTAV-IPN**, México. (S/F).

FAUVEL, J. MAANEN, J. V. (editores). **History in Mathematics Education**. The ICMI Study, Holanda: Kluwer Academic Publishers, 2000.

FAUVEL, J. Using history in mathematics education. **For the Learning of Mathematics**, 11(2). p 3 – 6, 1991.

FERREIRA, E. S. **O uso da História da Matemática em sala de aula**. Rio de Janeiro: IEM/USU, 1998. (Impresso).

FEYERABEND, P. K. **Against method**. Atlantic Highlands: Humanities Press. 1975.

252 A História como um agente de cognição na Educação Matemática

FILLOY, E. Didáctica e história de la geometría euclideana. Dpto de Matemática Educativa, **CINVESTAV-IPN**, México. 1995.

FINOCHIARO, M. A. **Galileo and the Art of Reasoning**. Dordrecht/Boston, Reidel. 1980.

FISCHBEIN, E. **Intuition in science and mathematics**. An Educational Approach. Holanda: Kluwer Academics Publichers, 1987.

FISCHER, Steven Roger. **História da escrita**. Tradução Mirna Pinsky. São Paulo: Editora Unesp, 2009. (Original work published in 2007).

FLECK, Ludwik. **Gênese e desenvolvimento de um fato científico**. Tradução Georg Otte e Mariana Camilo de Oliveira. Belo Horizonte: Fabrefactum Editora, 2010.

FLORES, A. Un tratamiento geométrico de la inducción matemática: pruebas que explican. **Miscelánea Matemática** 19, 11-23. 1993.

FLORES, P. M. **Concepciones y creencias de los futuros profesores sobre las Matemáticas, su ensino y aprendizaje**. Evolución durante las prácticas de ensino. Tesis Doctoral, Universidad de Granada. 1995.

FLORES, P. M. **Formación práctica inicial de profesores de Matemáticas de Secundaria**: algunas cuestiones de investigación sobre la planificación de la ensino y expectativas y necesidades de formación de los futuros profesores. Material Didáctico. Universidad de Granada. 1993.

FOSSA, J. A. (a) Uma proposta metodológica para a pesquisa em Educação Matemática. In: FOSSA, J. A. (Org.). **Educação Matemática**. Natal, RN: Edufrn, 1998. (Série 13 EPEN; v. 19).

FOSSA, J. A. (b) Hamlet, Antipholus e Antipholus: Lucrubações Pedagógicas sobre a História da Matemática. In: Encontro Nacional de Educação Matemática, 5, 1995. Aracaju. **Anais do V Encontro Nacional de Educação Matemática**. Aracaju: UFS, 1995.

FOSSA, J. A. **Ensaios sobre a Educação Matemática**. Belém: EDUEPA, 2001. (Série Educação n. 2).

FOSSA, John A. (2012). Heidegger, Hebel e Educação Matemática. **Revista Educação Matemática em Foco**. Vol. 1, n. 1 (janeiro/junho), p. 41-51.

FOSSA, John A. (2014). **Teoria intuicionista da Educação Matemática**. 2. ed. São Paulo: Editora Livraria da Física.

FOSSA, John A. (2016). Conhecimento como apropriação e a história da matemática como agente de cognição. In Emmanuel Ribeiro Cunha, Marta Genú Soares e Pedro Franco de Sá (Orgs.). **Formação de Professor: Teorias e Práticas Cotidianas**. Belém: Editora da UEPA, p. 15-32.

FOSSA, John A. (2019). **O status epistemológico do conhecimento matemático**. Disponível em: https://www.researchgate.net/publication/335682130_O_Status_Epistemologico_do_Conhecimento_Matematico. Consulta em 04/10/2019.

FOSSA, John A. (2019a). **Intuitionist theory of Mathematics Education**. Disponível em: https://www.researchgate.net/publication/331438081_Intuitionist_Theory_of_Mathematics_Education. Consulta em 04/10/2019.

FOSSA, John A. Bertrand Russell Sobre a Matemática nos Princípios. Traduções. Edição Especial da **Revista Brasileira de História da Matemática** – Vol. 21, n. 42 – pp. 329- 349.

FOSSA, John A. Definições. Em FOSSA, John A. **Ensaios de curta metragem**. Natal: Author´s Edition, 2020. Disponível em https://www.researchgate.net/publication/344541916_Ensaios_de_Curta_Metragem.

FOSSA, John A., e Erickson, Glenn W. (2014). The edipus myth as mathematical allegory. **Revista brasileira de história da matemática**, v. 14, n. 29, p. 31-58.

FOUCAULT, Michel. **Arqueologia do saber**. 6. ed. Tradução Luiz Felipe Baeta Neves. Rio de Janeiro: Forence Universitária, 2000.

FOUCAULT, Michel. **As palavras e as coisas**. Uma arqueologia das ciências humanas. Tradução Salma Tannus Muchail. São Paulo: Martins Fontes, 2002.

GAMWELL, Lynn. **Mathematics and art**: A cultural history. Princeton: Princeton University Press, 2016.

GARCÉS, W. **El Sistema de Tareas como Modelo de Actuación Didáctica en la Formación de Profesores de Matemática** – Computación. Tesis de Maestría, ISPH, Cuba. 1997.

GARCIA P., M.; NAPOLES VALDES, J. E., A Dialectical Invariant for Research in Mathematics Education. **The Mathematics Enthusiast**, 2015, vol. 12, no. 1,2&3, pp. 465-479

GARCIADIEGO, A. Pedagogía e historia de las ciencias, ¿simbiosis innnata? In**: El velo y la trenza**. F. Zalamea (ed.), EUN (Colombia). 1997.

GERASA, Nicômaco de**. Introduction to Arithmetic** (*Introdução a Aritmética*). Tradução para o inglês Luther D'Ooge. New York: Macmillan, 1926.

GERDES, P. **Cultura e o despertar do pensamento geométrico**. Maputo, Moçambique: Instituto Superior Pedagógico, 1991.

GERDES, P. **Etnomatemática**. Cultura, Matemática, Educação. Instituto Superior Pedagógico, Maputo, Mozambique. 1991.

GERDES, P. **Femmes et géometrie en Afrique Australe**. Paris: L'Harmattan, 1998.

GERDES, P. **Geometry from Africa**: mathematical and educational explorations. Washington: The Mathematical Association of America, 1999.

GERDES, P. **Pitágoras africano**: um estudo em cultura e educação matemática. Maputo, Moçambique: Instituto Superior Pedagógico, 1992.

GHEVERGHESE, G. J. **La cresta del pavo real**. Las Matemáticas y sus raíces no europeas", Madrid, Pirámide. 1996.

GIL, F. *Prove*. **Attraverso la nozione di prova/dimostrazione**. Milano: Jaca Book. 1990.

GLYMOUR, C. **Thinking Things Through**. Cambridge (Mass.): M.I.T. Press. 1992.

GOFFMAN, C. y PEDRICK, G. First Course in Functional Analysis. Prentice-Hall, Englewood Cliffs, N.J. 1965.

GONZÁLEZ, F. **La transformação inversión como recurso para la solução y confección de problemas geométricos**. Tesis de Maestría, ISPJLC, Holguín, Cuba. 1997.

GONZÁLEZ, J. L.. Relatives, Integers and Measurements: A Theoretical Model of the Additive Structure", en **Proceedings of the First Italian-Spanish Research Symposium in Mathematics Education**, N. Malara y L. Rico (eds.), Modena, Italia, 221-232. 1994

GRANVILLE, W.A., Smith, P. F., e Longley, W. R. (1961). **Elementos de cálculo diferencial e integral**. Tradução J. Abdelhay. Rio de Janeiro: Editora Científica.

GRANVILLE, William Anthony, e Smith, Percey F. (1904). **Elements of the differential and integral calculus**. Boston: Ginn & Company.

GRANVILLE, William Anthony, e Smith, Percey F. **Elements of the differential and integral calculus**. Boston: Ginn & Company, 1904.

GRAYLING, A. C. **As fronteiras do conhecimento**. O que sabemos hoje sobre ciência, história e a mente. Tradução Desidéria Murcho. Lisboa: edições 70, 2021.

GRUGNETTI, Lucia, e Rogers, Leo. Philosophical, multicultural and interdisciplinary issues. In: John Fauvel e Jan van Maanen, (Eds.). **History in Mathematics Education**. Dordrecht: Kluwer, 2000.

GUICCIARDINI, Niccolò (Editor). **Anachronisms in the History of Mathematics: essays on the Historical Interpretation of Mathematical Texts**. Cambridge University Press, 2021

HADAMARD, Jacques. **Psicologia da invenção na Matemática.** Tradução Estela dos Santos Abreu. Rio de Janeiro: Contraponto, 2009.

A História como um agente de cognição na Educação Matemática **255**

HADAMARD, Jacques. **The Psychology of Invention in the Mathematical Field**: An Essay. New York: Dover Publications, 1944.

HALMOS, P. R. The teaching of problem solving. **American Mathematical Monthly** 82(5), 446-470. 1975.

HANNA, G. Some pedagogical aspects of poof. **Interchange**, 21(1), 6-13. 1990.

HERNÁNDEZ, A. Obstáculos en la articulación de los marcos numérico, algébrico y gráfico en relación con las equações diferenciales ordinárias. **CINVESTAV-IPN**, México. 1994.

HILBERT, D. Mathematische Probleme. **Nachrichten der Königlichen Gesellschaft der Wissenscaften zu Göttingen**. Berlín, 253-297. 1900.

HILL, C. O. On Husserl's mathematical apprenticeship and philosophy of mathematics. In: Anna-Teresa Tymieniecka (Ed.). **Phenomenology world-wide. Analecta husserliana** (The Yearbook of Phenomenological Research), vol. 80. Doddrecht: Springer, 2002.

HITT, F. **Comportement de retour en arriere aprés la decouverte d'une contradiction**. Tesis doctoral, Universidad Luis Pasteur. 1978.

HITT, F. Intuición en Matemática, representación y uso de la microcomputadora. **Memorias de la sexta reunión Centroamericana y del Caribe sobre Formación de Profesores e Investigación en Matemática Educativa**, p. 254-266. 1992.

HITT, F. Intuición Primera Versus Pensamiento Analítico: Dificultades en el paso de una Representación Gráfica a un Contexto real y Viceversa". **Revista Educación Matemática** (preprint), 1995.

HITT, F. Teacher's Difficulties with the Construction of Continuous and Discontinuous Functions. **Focus on Learning Problems in Mathematics**, Vol.16, Number 4, 10-20. 1994.

HOFSTADTER, Douglas R. (1980). **Gödel, Escher, Bach**: An eternal golden braid. New York: Vintage Books.

HOUSE, P. A.; M.L. Wallace and M.A. Johnson. Problem solving as a focus. How? when? whose responsibility?. **The agenda in action**, 9-19. NCTM, Virginia. 1983.

JEAN, Georges. **A escrita**: memória dos homens. Tradução Lídia da Mota Amaral. Rio de Janeiro: Objetiva, 2002.

JOSEPH, George Gheverghese. (1991). **The crest of the peacock**. Princeton: Princeton University Press.

JUNGK, W. **Conferencias sobre metodología de la ensino de la Matemática** 2. t. 2., La Habana: Pueblo y Educación, 1986.

KANT, Immanuel. (1968). Kritik der reinen Vernunft. In: **Kants Werke** (Vol. III). Berlin: Walter de Gruyter & Co. [Original 1788.]

KANT, Immanuel. (2004). **Crítica da razão pura**. Tradução de Afonso Bertagnoli. Disponível em http://www.ebooksbrasil.org/eLibris/razaopratica.html. Consulta em 19/09/2019.

KITCHER, Philip Stuart. **The Nature of Mathematical Knowledge**. Oxford: Oxford University Press, 1984.

KNOBBE, Margarida Maria. **O que é compreender?** São Paulo: Editora Livraria da Física, 2014. (Coleção Contextos da Ciência).

KOETSIER, T., e Bergmans, L. (2005). (Eds.) **Mathematics and the divine**: A historical study. Amsterdam: Elsevier.

KOETSIER, T., e Bergmans, L. (2005). (Eds.) **Mathematics and the divine: A historical study**. Amsterdam: Elsevier.

KOSELLECK, Reinhart. **Futuro Passado**. Contribuição à semântica dos tempos históricos. Tradução Wilma Patrícia Maase Carlos Almeida Pereira. Rio de Janeiro: PUC/Rio; Editora Contraponto, 2006.

KUHN, T. S. **Structure of scientific revolutions**. Chicago: Chicago University Press, 1970.

KUHN, T. S. **The structure of scientific revolutions**. Chicago: University of Chicago Press. 1962.

KUHN, Thomas S. **A Estrutura das Revoluções científicas**. Tradução Beatriz Vianna Boeira e Nelson Boeira. 4. ed. São Paulo: editora Perspectiva, 1996. (Coleção Debates Ciência, 115).

LABARRERE, A. F. **Pensamiento**. Análise y autorregulación de la actividad cognoscitiva de los alumnos. La Habana: Pueblo y Educación. 1996.

LAKATOS, I. **Proofs and refutations**. Cambridge, U.K.: Cambridge University Press. 1976.

LAKATOS, Imre. **História da Ciência e suas reconstruções racionais**. Tradução Emília Picado Tavares Marinho Mendes. Lisboa: Edições 70, 1998. (Coleção Biblioteca de Filosofia, 26).

LATOUR, Bruno. **Ciência em ação**. Como seguir cientistas e engenheiros sociedade afora. Tradução Ivone C. Benedetti. São Paulo Editora Unesp, 2000.

LATOUR, Bruno. **Jamais fomos modernos**: um ensaio de antropologia simétrica. Tradução Carlos Irineu da Costa. 3. ed. São Paulo: editora 34, 2013.

LAUBENBACHER, R. and PENGELLEY, D. **Great Problems of Mathematics**: A Course Based on Original Sources. Amer. Math. Monthly 99, 313-317. 1992.

A História como um agente de cognição na Educação Matemática **257**

LAUBENBACHER, R. and PENGELLEY, D. Mathematical Masterpieces: Teaching with Original Sources", in **Vita Mathematica**: Historical Research and Integration with Teaching. R. Calinger (ed.), Math. Ass. of Amer. Washington DC, 1-7. 1996.

LAUBENBACHER, R.; D. PENGELLEY y D. M. SIDDAWAY. Recovering Motivation in Mathematics: Teaching with Original Sources. **UME Trends**, Vol.6, No.4. 1994.

LAVE, Jean & WENGER, Etiene. **Situed Learning**: Legitimate Peripheral Participation. Cambridge: University of Cambridge Press.

LAWLOR, Robert. **Geometria Sagrada**. Tradução Maria José Garcia Ripoll. Madrid, Espanha: Edições del Prado, 1996.

LERMAN, S. Epistemologies of Mathematics and Mathematics Education. In: **Proceedings of "An International View on Didactics of Mathematics as a Scientific Discipline**. N. Malara (ed.), 43-51. 1996.

LEVY, Pierre. **Ideografia dinâmica**. Para uma imaginação artificial? Tradução Manuela Guimarães. Lisboa: Instituto Piaget, 1997. (Original work published in 1991).

LOLLI, G. **La máquina y las demostraciones**. Matemática, lógica e informática. Alianza Editorial, Madrid. 1991.

LOLLI, G. **Matemática come narrazione**. Raccontare la matemática. Bolonha: Il Mulino, 2018.

LÖWENHEIN, L. On making indirect proofs direct. **Scripta Mathematica**, 28/2, 101-115 (ed. y revisión inglesa de W. O. Quine). 1946.

MAIA, Carlos Alvarez. **História, Ciência e Linguagem**. O dilema relativismo-realismo. Rio de Janeiro: Mauad X, 2015.

MALARA, N. e GHERPELLI, I. Argomentazione e demostrazione in Aritmetica: alcuni risultati di una recerca. **L' educazione Matematica**, Anno XVIII, Serie V, Vol. 2 (2), 82-102. 1997.

MAN, John. **A história do alfabeto**: como 26 letras transformaram o mundo ocidental. Tradução Edith Zonenschain. 2. ed. São Paulo: Ediouro, 2002.

MARINA, José Antonio. **Teoria da Inteligência criadora**. Tradução Antonio Fernando Borges. Rio de Janeiro: Guarda-Chuva Editora, 2009.

MAZA G. C. El dibujo del embaldosado: un exemplo de matematización. **SUMA**, n..21, 89-96. 1996.

MELO NETO, João Cabral de. De sua formosura. In: **Morte e Vida Severina**. Rio de janeiro: Alfaguara, 2016.

MENDES, Iran Abreu (a). **Usos da história no ensino de Matemática**: reflexões teóricas e experiências. 2. ed. E-Book. Belém, Pará: Editora Flecha do Tempo, 2021a.

MENDES, Iran Abreu (b). Sobre processos criativos nas histórias da criação matemática. In: Pereira, A. C. C.; Martins, E. B. (Orgs.). **Investigações científicas envolvendo história da Matemática sob o olhar da pluralidade**. Curitiba: Editora CRV, 2021b. p. 63-74.

MENDES, Iran Abreu (c). Construtivismo e história no ensino da matemática: uma aliança possível. In: FOSSA, J. A. (Editor) **Anais do IV Seminário Nacional de História da Matemática**. UFRN. (Natal, RN), 2001. Rio Claro, SP: Editora da SBHMat, 2001c.

MENDES, Iran Abreu (d). Historical Creativities for the Teaching of Functions and Infinitesimal Calculus. **International Electronic Journal of Mathematics Education**, *16*(2), em0629. https://doi.org/10.29333/iejme/10876, 2021d.

MENDES, Iran Abreu. (a) **A formação de professores de matemática a partir da história da matemática**. Relatório Técnico de Projeto de Pesquisa. Natal: UFRN, 2007.

MENDES, Iran Abreu. (a) **O uso da história no ensino da matemática**: reflexões teóricas e experiências. Belém: EDUEPA, 2001a. (Série Educação n. 1).

MENDES, Iran Abreu. (b) **Ensino da Matemática por atividades**: uma aliança entre o construtivismo e a história da matemática. 283 p. Tese (Doutorado em Educação) - Centro de Ciências Sociais Aplicadas, Universidade Federal do Rio Grande do Norte, Natal, 2001b.

MENDES, Iran Abreu. A dinâmica operatória da investigação histórica nas aulas de matemática. In: **Anais do XIII Encontro Nacional de Educação Matemática** – XIII ENEM. São Paulo: UNICSUL, 2016.

MENDES, Iran Abreu. **A formação de professores de matemática a partir da história da matemática**. Projeto de Pesquisa. Natal: UFRN, 2004.

MENDES, Iran Abreu. **Criatividade na história da criação matemática**: potencialidades para o trabalho do professor. Belém: SBEM Pará, 2019.

MENDES, Iran Abreu. **Ensino de trigonometria através de atividades históricas**. 1997. 165p. Dissertação (Mestrado em Educação) - Centro de Ciências Sociais Aplicadas, Universidade Federal do Rio Grande do Norte, Natal, 1997.

MENDES, Iran Abreu. **História da Matemática no Ensino**: entre trajetórias profissionais, epistemologias e pesquisas. São Paulo: Editora Livraria da Física, 2015.

MENDES, Iran Abreu. History for the teaching of mathematics transformation and mobilization of mathematical knowledge for school. **Pedagogical Research**, v. 5 (3) em0072, pp. 01-10, 2020. https://www.pedagogicalresearch.com

MENDES, Iran Abreu. **Movimentos sequenciais históricos (MSH) como forma de abordagem da matemática na escola**. Belém: Flecha do Tempo, 2023.

MENDES, Iran Abreu. **Usos da história no ensino de Matemática**: reflexões teóricas e experiências. 3. ed. Revista e Ampliada. São Paulo: Livraria da Física, 2022.

MENDES, Iran Abreu.; SILVA, Carlos Aldemir Farias. Problematization and Research as a Method of Teaching Mathematics. **International Electronic Journal of Mathematics Education**. e-ISSN: 1306-3030. 2018, Vol. 13, No. 2, 41-55 https://doi.org/10.12973/iejme/2694.

MENDES, Iran Abreu . História da Matemática como uma reinvenção didática na sala de aula. **Revista Cocar** n. 3 (2017): Edição Especial n. 3. Dossiê: Educação Matemática. Jan./Jul. 2017.

MENDES, Iran Abreu; CHAQUIAM. Miguel. **História nas aulas de matemática**: fundamentos e sugestões didáticas para professores. Belém: SBHMat, 2016.

MIGUEL, A. **Três estudos sobre História e Educação Matemática**. 1993. 274p. Tese (Doutorado em Educação Matemática) - Universidade Estadual de Campinas. Campinas, SP, 1993.

MIGUEL, Antonio; MENDES, Iran Abreu. Mobilizing histories in mathematics teacher education: memories, social practices, and discursive games. **ZDM Mathematics Education** (2010) 42: 381–392. Springer Berlin/Heidelberg, 2010.

MILLER, G. A. The magical number seven, plus or minus two: Some limits on our capacity for processing information. **Psychological Review**, 63, 81-97. 1956.

MOLES, Abraham A.. **A criação científica**. Tradução Gita K. Guinsburg. 3. ed. 1ª reimpressão. São Paulo: editora Perspectiva, 2007.

MOLES, Abraham A.. **A criação científica**. Tradução Gita K. Guinsburg. São Paulo: editora Perspectiva, 1998.

MOLES, Abraham A.. **Sociodinâmica da cultura**. Tradução Mauro W. Barbosa de Almeida. São Paulo: editora Perspectiva, 2012.

MOLES, Abraham A.; CAUDE, Roland. **Créativité et méthodes d'innovation**. Strasbourg, 1970.

MORENO, L.E. El Cálculo. Una perspectiva histórica y didáctica. **Matemáticas: Ensino Universitaria**, Vol.3, No.1, 71-78. 1996.

MÜELLER, I. **Philosophy of Mathematics and Deductive Structure in Euclid's Elements**. MIT Press. 1981.

MÜLLER, H. **Aspectos metodológicos acerca del trabajo con exercícios en la ensino de la Matemática**. La Habana, ICCP. 1987.

NÁPOLES V., J. E.; ROJAS, O. J., LAS Ecuaciones Diferenciales Ordinarias en un Contexto Realista. **Revista Paradigma** (Edición Cuadragésimo Aniversario: 1980-2020), Vol. XLI, junio de 2020 / 1004-1016.

NÁPOLES VALDÉS, J. E. Some Reflections on the Problems and their role in the Development of Mathematics. **Qualitative Research Journal**. São Paulo (SP), v.8, n.18, p. 524-539, ed. especial. 2020 524 Special Edition: Philosophy of Mathematics

NÁPOLES VALDÉS, J. E.; GONZÁLEZ THOMAS, A.; GENES, F.; BASABILBASO, F.; BRUNDO, J. M. El enfoque histórico-problémico en la enseñanza de la matemática para ciencias técnicas: el caso de las ecuaciones diferenciales ordinarias", **Acta Scientae**, V.6, N.2 (2004), 41-59.

NÁPOLES VALDÉS, J. E.; NEGRÓN SEGURA, C. (2015). El Papel de la Historia en la Integración de los Marcos Geométrico, Algebraico y Numérico en las Ecuaciones Diferenciales Ordinarias. **Revista Digital: Matemática, Educación E Internet**, 4(1) https://doi.org/10.18845/rdmei.v4i1.2301.

NÁPOLES, J. E. (a). Consideraciones sobre el uso de recursos históricos en alguns problemas de Educación Matemática. **Ponencia presentada a RELME-11**. Morelia, México. 1997.

NÁPOLES, J. E. (b). Sobre el significado de los objetos matemáticos. El caso de los irracionales. **Memorias COMAT'97**. Universidad de Matanzas. 1997.

NÁPOLES, J. E. **Del Partenón a la realidad virtual. La idea de la demonstração en la história de la Matemática**. Manuscrito preliminar. 1998.

NÁPOLES, J. E. La resolución de problemas en la enseñanza de las ecuaciones diferenciales ordinarias. Un enfoque histórico. **Revista de Educación y Pedagogía**, XV, n. 35, 2003, 163-182.

NÁPOLES, J. E. Las Ecuaciones Diferenciales entre la Sublimación Teórica y la Universalización Práctica". **Acta Scientiae**, 21(1), 55-63, 2019.

NÁPOLES, J. E. Some reflexions on mathematics and mathematicians. Perguntas simples, respostas complexas. **The Mathematics Enthusiast**, Vol. 9, nos. 1 e 2, 2012, 221-232

NCTM. **Principles and Standards for School Mathematics**. Reston (VA): NCTM, 2000.

NELSEN, R. B. Proof without words corollary: Sums of squares. **Mathematics Magazine**, n. 63, 314-315. 1990.

OLIVERAS, M. L. **Etnomatemáticas**. Formación de profesores e innovación curricular. Granada: Comares. (Mathema 7). 1996.

PARSONS, Charles. (1983). **Mathematics in philosophy**. Ithaca (NY): Cornell University Press.

PÉREZ C. P. **Los conceitos matemáticos, su génesis y su docencia**. Universidad Politécnica de Valencia, 1998.

A História como um agente de cognição na Educação Matemática **261**

PÉREZ DE MOYA, Juan. **Diálogos de aritmética prática y especulativa (1562)**. Zaragoza: Prensas universitarias, 1987.

PIAGET, Jean. (1970). Genetic epistemology. New York: Columbia University Press.

PIAGET, Jean. (1970a). **Epistemologia genética**. Petrópolis: Vozes.

PIAGET, Jean., GARCIA, Rolando. **Psicogênese e História das Ciências**. Tradução por M. F. de Moura Rebelo Jesuíno. Lisboa: Dom Quixote, 1987.

POINCARÉ, Henri. **Filosofia da Matemática**. Breve antologia de textos de Filosofia da Matemática de Henri Poincaré. Organização Augusto J. Franco de Oliveira. Caderno de Filosofia das Ciências, 10. Lisboa: Centro de Filosofia das Ciências da Universidade de Lisboa (CFCUL), 2010.

POINCARÉ, Henri. **Science et Méthode**. Paris: Flamarion, 1920.

POLYA, G. **Como plantear y resolver problemas**. México: Trillas, 1965.

POLYA, G. On Solving Mathematical Problems in High School. In: **Problem Solving in School Mathematics**. (Yearbook of the NCTM). Stephen Krulich (Ed.), Reston, 1-2. 1980.

PRADO, E. L. B. **História da Matemática**: um estudo de seus significados na Educação Matemática. Rio Claro, 1990. 77p. Dissertação (Mestrado em Educação Matemática). - Universidade do Estado de São Paulo.

PUIG, L. A study on Mathematical Sign Systems and the Methods of Analysis: The case of "De Numeris Datis" by Jordanus de Nemore". In: **Proceedings of the First Italian-Spanish Research Symposium in Mathematics Education**. N. Malara y L. Rico (eds.), Modena, Italia, 257-264. 1994.

RECALDE, L. C. **El papel del infinito en el surgimiento de la topología de conjuntos**. Cali: UniValle, Tesis de Maestría. 1994.

REVISTA CÁLCULO. **Matemática para todos**. A humanidade não marcha. Ano 3. N. 33. São Paulo: Editora Segmento, outubro, 2013. (p. 38-41).

ROTMAN, B. Towards a semiotics of mathematics. **Semiotica**: 72-1/2, 1-35. 1988.

SALLES, René. **5000 ans d'histoire du livre**. Rennes, França: Editions Ouest France, 1986.

SÁNCHEZ, C. H. **Los tres famosos problemas de la geometría griega y su história en Colombia**. Santafé de Bogotá: Universidad Nacional de Colombia. 1994.

SCHAFF, A. **História e Verdade**. Tradução Maria Paula Duarte. Lisboa: Editorial Estampa, 1994.

SCHATZ R. M. and GROUWS, D. A. Mathematics teaching practice and their effects. In: D. A. Grouws (ed.). **Handbok of Research on Mathematics Teaching and Learning**. NCTM, MacMillan, New York. 1992.

SCHOENFELD, A. H. Learning to think mathematically: problem solving, metacognition and sense making in Mathematics". In: D. Grouws (Eds.). **Handbook for Research on Mathematics Teaching and Learning**. New York, Macmillan, 334-370. 1992.

SCHRAGE, G. Proof without words 1+2+3+ ... +n = [n(n+1)]/2. **Mathematics Magazine**, 65, 185. 1992.

SCRIVEN, M. Probative Logic. Review & Preview. In: F. van Eemeren *et al.*, **Argumentation**: Accros the Lines of Discipline. Dordrecht, Foris, 7-32. 1987.

SERRANO, J. **El binomio demonstração-explicación**. México: Trillas. 1991.

SERRES, Michel. **Ramos**. Tradução Edgard de Assis Carvalho e Mariza Perassi Bosco. Rio de Janeiro: Bertrand Brasil, 2008.

SKEMP, R. **Psicología del aprendizaje de las matemáticas**. Tradução Gonzalo Gonzalvo Mainar. Madrid: Ediciones Morata, 1980.

SKEMP, R. Relational understanding and instrumental understanding. **Mathematics Teaching** 76, p. 20 – 26,1976.

SKEMP, Richard. Instrumental and Relational Understanding In: **Mathematics Education. In: Encyclopedia of Mathematics Education**, 2014, p. 304-307. https://link.springer.com/referenceworkentry/10.1007/978-94-007-4978-8_79. Acesso em 25/02/2023.

SKEMP, Richard. **Psicología del aprendizaje de las matemáticas**. 2. ed. Tradução Gonzalo Gonzalvo Mainar. Madrid (Espanha): Ediciones Morata, 1993.

SMALE, S. *Differentiable Dynamical Systems*. Bull Amer. **Math Soc**. Vol. 73, 747-817. 1970.

SPERANZA, F. and GRUGNETTI, L. History and epistemology in Didactics of Mathematics. In: **Italian Research in Mathematics Education 1988-1995**. N. Malara, M. Menghini and M. Reggiani (eds.), 126-135. 1996.

SPERANZA, F. The Role of Non-Classical Geometries for a Radical Renewal of the Mathematical Teaching. In: **Proceedings of the First Italian-Spanish Research Symposium in Mathematics Education**. N. Malara y L. Rico (eds.), Modena, Italia, 249-256. 1994.

SWART, E. R. *The philosophical implications of the four-color problem*. **Amer. Math**. Monthly, 87, 697-707. 1980.

A História como um agente de cognição na Educação Matemática **263**

TALL, David. (Ed.) **Advanced Mathematical Thinking**. Dordrecht: Kluwer, 1991.

THE RHIND MATHEMATICAL PAPYRUS. (1927). Tradução A. B. Chace e H. P. Manning. Oberlin: The Mathematical Association of America.

THOM, R. Modern mathematis: does it exist? In: A.G. Howson (ed.) **Developments in mathematical education**: Proceedings of the Second International Congress on Mathematics Education, 194-209. Cambridge: Cambridge University Press. 1973.

THOMPSON, A. G. Teachers´ beliefs and conceptions: A synthesis of the research", en D.A. Grouws (ed.). **Handbok of Research on Mathematics Teaching and Learning**. NCTM, MacMillan, New York. 1992.

THOMPSON, A. G. The relationship of teachers' conceptions of mathematics and mathematics teaching to instructional practice. **Educational Studies in Mathematics**, n. 15, 105-112. 1984.

TYMOCZKO, T. The four-color problem and its philosophical significance. **The Journal of Phylosophy**, Vol.LXXVI, 2, 57-83. 1979.

VASCO, C. E. La Educación Matemática: Una disciplina en formación. **Matemáticas**: Ensino Universitaria, Vol.3, No.2, 59-75. 1994.

VEGA, L. (a). Argumentos, pruebas y demostraciones. In: AAVV, **Perspectivas actuales de lógica y filosofía de la ciencia**. Madrid: Siglo XXI, 202-221. 1994.

VEGA, L. (a). Dureza y fragilidad de las demostraciones. **Signos** (Anuario de Humanidades, UAM-Iztapalapa), III, 127-144. 1990.

VEGA, L. (a). Los elementos de geometría y el desenvolvimento de la idea de demonstração. **Mathesis**, 8, 403-423. 1992.

VEGA, L. (b). ¿Pruebas o demostraciones?. Problemas en torno a la idea de demonstração matemática", **Mathesis** 8, 155-177. 1992.

VEGA, L. (b). La demonstração more geométrico: notas para la história de una extrapolación, **Mathesis**, 10: 25-45. 1994.

VEGA, L. (b). **La trama de la demonstração**. Madrid, Alianza. 1990.

VEGA, L. En torno a la idea tradicional de demonstração. **Laguna**, 3: 28-56. 1995.

VEGA, L. La dimostrazione. In: Salvatore Settis (ed.). *I Greci.* Torino: Einaudi,, Vol. I, 85-318. 1996.

VEGA, L. La encrucijada de la demonstração. **Agora**, 12/1, 69-85. 1993.

VEGA, L. Matemática y demonstração: las vicisitudes actuales de una antigua liaison. In: **El velo y la trenza**. Fernando Zalamea (ed.). Colombia: Editorial Universidad Nacional, 49-79. 1997.

VERGANI, T. **Educação matemática**: um horizonte de possíveis - sobre uma educação matemática viva e globalizante. Lisboa: Universidade Aberta, 1993.

VERGANI, T. **Excrementos do sol**: a propósito de diversidades culturais. Lisboa: Pandora, 1995. (Olhos do Tempo).

VERGANI, T. **O zero e os infinitos**: uma experiência de antropologia cognitiva e de educação matemática intercultural. Lisboa: Minerva, 1991.

VERGANI, T. Um discurso conjugal em relevo: para uma (des)co-dificação posicional das figuras esculpidas nos "mabaia manzangu" de Cabinda. In: **Revista Internacional de Estudos Africanos**, 1990. p. 8-9.

VERNANT, Jean-Pierre. **Entre Mito e Política**. 2. ed. Tradução Cristina Murachco. São Paulo: Edusp, 2002.

VIGNAUX, Georges. **As ciências cognitivas**. Tradução Maria Miranda Guimarães. Lisboa: Instituto Piaget, 1995.

WAGENSBERG, J. **O gozo intelectual**. Tradução Simone Mateos. Campinas: Editora UNICAMP, 2009.

WEINSTEIN, M. Towards an account of argumentation. In: **Science, Argumentation**, 4: 169-298. 1990.

WELLS, D. **The Penguin dictionary of curious and interesting geometry**. Harmondsworth: Penguin. 1991.

WU, T. C. Proofs witout words: (1x2)+(2x3)+(3x4)+...+(n-1)n=(n-1)n(n+1)/3. **Mathematics Magazine**, 62, 27. 1989.

ZASLAVSKY, C. **Africa counts**: number and pattern in Africa culture. Boston: Prindle, Weber and Smith, 1973.

ZEEMAN, E.C. **The geometry catastrophe**. Times Lit. Supp. 1971.

ZERGER, M.J. Proof without words: Sums of Triangular Numbers. **Mathematics Magazine**, 63, 314. 1990.

ZIMMERMANN, W. and CUNNIGHAM, S. **Visualization in Teaching and Learning Mathematical**. Association of America, USA. 1991.

Índice Remissivo

A

acionador cognitivo, 12, 23, 24, 28, 29, 34, 40
acionamento cognitivo, 29, 33, 34
agenciamento, 12, 22, 24, 26, 37, 38, 39, 43, 241
agente, 9, 12, 13, 14, 15, 23, 24, 25, 26, 37, 39, 40, 44, 93, 95, 115, 139, 142, 164, 169, 221, 240, 252
aprendizagem compreensiva, 23, 24, 26, 28, 35, 38, 42, 44, 123, 240
aprendizagem matemática, 11, 12, 15, 19, 23, 26, 28, 34, 35, 39, 40, 113, 114, 121, 123, 126, 127, 128, 144, 157, 158, 165
Arquimedes, 36, 225
artefatos históricos, 40, 121
atitude investigativa, 124
atividade matemática produtiva, 123, 124
atividades, 9, 11, 12, 13, 23, 26, 29, 30, 31, 34, 36, 39, 69, 77, 87, 97, 99, 100, 102, 103, 105, 106, 107, 108, 109, 110, 111, 112, 113, 114, 115, 116, 120, 121, 122, 123, 124, 126, 127, 129, 130, 131, 132, 133, 134, 135, 136, 138, 139, 140, 141, 142, 143, 144, 145, 150, 158, 162, 169, 171, 175, 185, 186, 194, 201, 206, 211, 213, 216, 240, 241, 242, 244, 258
atividades de desenvolvimento, 121, 126
atividades didáticas, 13, 109, 115, 150
atividades históricas, 121, 124, 129, 139, 140, 144, 258
atividades investigativas, 127, 141, 144
atividades lúdicas, 107
ato cognitivo, 38, 115

B

base cognitiva, 122, 231
Bourbaki, 52
Boyer, 50
Brouwer, 66
Bruno Latour, 26

C

Cálculo, 160, 223, 241, 259
Cauchy, 36
Cavalieri, 36, 42
ciclo trigonométrico, 138
ciência filha, 26
ciência mãe, 26
ciências cognitivas, 30, 32, 264
coletivo de pensamento, 25, 27
componente algorítmica, 125
componente formal, 126
componente intuitiva, 125, 127
compreensão, 21, 22, 26, 27, 28, 29, 31, 33, 34, 36, 37, 38, 39, 40, 42, 73, 84, 91, 95, 100, 101, 106, 108, 109, 110, 113, 114, 117, 118, 120,

122, 123, 125, 129, 130, 131, 134,
135, 143, 144, 152, 155, 157, 158,
161, 162, 165, 170, 171, 172, 173,
177, 193, 211, 213, 215, 217, 232,
241, 243

compreensão instrumental, 131, 171

compreensão relacional, 27, 34, 37,
40, 109, 114, 117, 122, 123, 129,
130, 131, 134, 135, 143, 171

conceitos matemáticos, 27, 35, 99,
106, 108, 109, 111, 127, 143, 232,
242, 243, 247, 260

conhecimento histórico, 43, 50, 97,
105, 114, 117, 118, 121, 142, 206

conhecimento matemático, 10, 14, 31,
42, 48, 51, 52, 55, 91, 97, 100, 102,
111, 114, 117, 123, 128, 131, 132,
139, 140, 143, 144, 150, 158, 163,
170, 221, 229, 233, 253

conhecimento objetivado, 10

construção histórica, 10, 29, 108, 113,
153

conteúdo histórico, 122, 128

cordas, 36, 42, 99, 119, 120, 136, 137

cosseno, 120, 136, 137, 138

criação matemática, 20, 41, 90, 124,
155, 162, 258

criadores, 20, 21, 27, 49, 66, 117, 225,
245, 246, 248

criatividade, 19, 20, 21, 35, 64, 100,
117, 125, 128, 129, 143, 163, 164,
244, 246, 248

criatividade matemática, 19, 129, 163

D

D'Ambrosio, 101

Daniel Bernoulli, 36

Descartes, 36, 42, 61, 225

descobridores, 20, 21, 248

desenvolvimento cognitivo, 35, 106,
108, 144

desenvolvimento conceitual, 11, 13,
29, 31, 36, 37, 42, 43, 149, 159,
160, 163

desenvolvimento epistemológico, 27,
38, 97, 119, 125, 159

desenvolvimento histórico, 10, 13, 22,
23, 34, 35, 39, 40, 41, 42, 50, 91,
96, 100, 101, 102, 107, 108, 110,
112, 114, 120, 122, 139, 140, 149,
154, 155, 158, 165

Dirichlet, 36

Dockweiler, 110, 115, 121, 126, 129,
142

Dreyfus, 117, 123, 124

E

educação matemática, 106, 254, 264

elemento unificador, 12, 15, 45, 47

enfoque histórico, 56, 260

épistème, 25, 36

epistemologia, 27, 107, 247

epistemológico, 23, 34, 35, 39, 40, 42,
43, 101, 120, 140, 155, 157, 243,
253

escrita ideográfica, 10, 30, 31, 33

estilo de pensamento, 25, 39

estratégias de pensamento, 20, 27,
151, 164

etnomatemática, 95, 99, 109, 110,
139, 228

experimentação, 125, 129

F

Fischbein, 110, 117, 123, 124

formação continuada, 104, 145

formação de professores, 12, 104,
157, 162, 163, 258

formalização dos conceitos, 108, 111

Fourier, 68, 82, 83

fronteiras do conhecimento, 21, 245,
254

funções, 24, 34, 36, 42, 75, 77, 81, 82,
83, 84, 96, 99, 104, 105, 109, 120,
134, 137, 138

G

Galileu, 36

geometria, 42, 51, 84, 85, 88, 99, 133, 134, 138, 172, 174, 186, 191, 201, 216, 217, 227, 232, 241, 242, 246

Georges Vignaux, 30, 32

Gerdes, 55, 109, 110

H

heurística, 56, 162

Hiparco, 96, 137

história da matemática, 47, 104, 142, 159, 160, 169, 252, 253, 258

história no ensino da matemática, 258

historiografia, 39, 154

I

ideografia dinâmica, 33

ideogramas, 30, 31

informações históricas, 10, 11, 99, 103, 107, 111, 112, 114, 115, 116, 120, 121, 127, 128, 132, 133, 139, 140, 142, 143, 157, 158, 159, 160, 162, 164

integração intramatemática, 43

investigação histórica, 13, 15, 43, 95, 115, 120, 123, 124, 142, 159, 160, 162, 163, 165, 258

investigadores, 20, 21, 56, 85, 248

irracionais, 42, 87, 88, 106, 109, 110

Isaac Newton, 36, 42, 225

J

Jaques Derrida, 39

John Wallis, 36

K

Kieran Egan, 27

L

Leibniz, 36

Leonhard Euler, 36, 222

livro didático, 43, 44, 111, 141, 142

Lobatchevsky, 36

Ludwik Fleck, 22, 25, 153

M

Margarida Knobbe, 27

mediador didático, 40

Mesopotâmia, 31

Michel Foucault, 25, 153

Michel Serres, 26

movimento sequencial histórico, 23, 41, 43

N

Nicolau de Oresme, 36

O

ordem didática, 48, 56

ordem histórica, 48, 56, 111, 112

P

pensamento matemático, 50, 51, 117, 130, 180, 242, 245, 246

pesquisa histórica, 99, 155

Piaget & Garcia, 106

Pierre Levy, 30, 33

placas de argila, 31

Poincaré, 19, 106, 112, 261

Polya, 63, 64, 65, 66

práticas matemáticas, 12, 22, 156

práticas socioculturais, 35, 163

princípio unificador, 11, 95, 139

problematização, 33, 42, 112, 116, 117, 120, 160

processo histórico, 11, 41, 52, 97, 135

Ptolomeu, 36, 96, 99, 119

R

raciocínio matemático, 117, 123, 125, 126

razões trigonométricas, 99, 119, 120, 136, 137, 138

renovação didática, 15, 149

reorganização cognitiva, 34, 42

reorganizador cognitivo, 11, 12, 23, 24, 34, 35, 40

representação algorítmica, 127

representação mental, 130, 138

representação simbólica, 131, 142

Richard Skemp, 27, 34, 171

S

semicordas, 42

seno, 119, 120, 136, 137, 138

sequencial histórico, 35, 44

sociodinâmica cultural, 31

T

tangente, 136, 137, 138

teorema de Pitágoras, 98, 120, 133

textos históricos, 11, 14, 15, 29, 36, 121, 129, 221, 224, 226, 228, 229, 231, 232, 235

Thomas Kuhn, 25, 153

triângulo, 119, 133, 134, 136, 137, 138, 187, 188, 191, 197, 198

triângulo retângulo, 119, 133, 134, 136, 137, 138

triângulos planos, 42

trigonometria, 42, 96, 99, 114, 120, 131, 132, 133, 134, 135, 136, 138, 140, 258

trigonômetro, 129, 137

Sobre os autores

Iran Abreu Mendes

É Professor Titular Livre do Programa de Pós-Graduação em Educação em Ciências e Matemáticas, do Instituto de Educação Matemática e Científica da Universidade Federal do Pará. Bolsista Produtividade em Pesquisa Nível 1C do CNPq. Licenciado em Matemática (UFPA); Mestre e Doutor em Educação Matemática (UFRN). Desenvolve pesquisas nos seguintes temas: Ensino de Matemática, História da Matemática, História da Matemática para o ensino, Etnomatemática, Práticas Socioculturais e Diversidade Matemática Cultural, Matemática e Arte.
E-mail: iamendes1@gmail.com.

John A. Fossa

John A. Fossa é doutor em Educação Matemática pela Texas A&M University. Atualmente aposentado, era por muito tempo professor da UFRN, lotado no Departamento de Matemática e atuando no Programa de Pós-Graduação em Educação e no Programa de Ensino de Ciências e Matemática dessa instituição. Também atuou como professor visitante na UEPB. É pesquisador em História e Filosofia da Matemática e na Educação Matemática. As áreas de maior interesse são História da Teoria dos Números e da Lógica, Epistemologia da Matemática, História da Matemática como Recurso Pedagógico e Construtivismo Radical.
E-mail: jfossa03@gmail.com

Juan E. Nápoles Valdés

Graduado em Licenciatura em Educação, Especialidade Matemática em 1983, cursou duas especialidades e concluiu seu doutorado em Ciências Matemáticas em 1994, na Universidad de Oriente (Santiago de Cuba). Em 1997 foi eleito presidente da Sociedade Cubana de Matemática e Informática até 1998, quando fixou residência na República Argentina. Dirigiu cursos de pós-graduação em Cuba e na Argentina e ocupou cargos de direção em várias universidades cubanas e argentinas. Professor Titular da Universidade Nacional do Nordeste e da Universidade Tecnológica Nacional. Publicou diversos trabalhos em livros e revistas especializadas nos temas de cálculo fracionário e generalizado, teoria qualitativa de equações diferenciais ordinárias, Educação Matemática, resolução de problemas e história e filosofia da Matemática. Pelo seu trabalho docente e de investigação, tem recebido vários prémios e distinções.

E-mail: profjnapoles@gmail.com